电工电气技术实训指导书

主　编　申世军

副主编　刘　洋　肖　茜　许丽川

编　委　宫大为　陈勇强　李　化

　　　　梁永春　刘　颖

科学出版社

北　京

内 容 简 介

本书为实践课程"电工电气技术实训"的配套指导书,其主要内容包括用电安全与电工基础、电气控制与应用、先进自动化与PLC、先进自动化虚拟仿真四大模块。本书以工厂智能制造生产线为总体框架,根据生产线的功能梳理出与电工电气相关的智能制造流程,同时添加一些用电安全及急救训练等大学生应该具备的重要技能。

学生参考本书内容并进行相应的实践,可以掌握基本的用电知识、触电急救操作,识别及使用基本的低压电器器件及工具,熟悉电气设备安全操作规范,掌握PLC在先进自动化生产线中的应用,掌握MCGS人机界面的设计,了解智能制造概念,利用虚拟仿真软件对智能装备进行仿真控制练习等。

本书可作为电工电气基础实验、实践课程的指导教材,也可供电气与自动化相关专业的工程人员参考。

图书在版编目(CIP)数据

电工电气技术实训指导书 / 申世军主编. —北京:科学出版社,2022.6
ISBN 978-7-03-072053-5

Ⅰ.①电⋯ Ⅱ.①申⋯ Ⅲ.①电工技术 Ⅳ.①TM

中国版本图书馆 CIP 数据核字(2022)第 059105 号

责任编辑:余 江 张丽花 / 责任校对:崔向琳
责任印制:吴兆东 / 封面设计:迷底书装

科 学 出 版 社 出版
北京东黄城根北街 16 号
邮政编码:100717
http://www.sciencep.com

固安县铭成印刷有限公司印刷
科学出版社发行 各地新华书店经销
*

2022 年 6 月第 一 版 开本:787×1092 1/16
2024 年 3 月第三次印刷 印张:10 1/2
字数:249 000

定价:39.80 元
(如有印装质量问题,我社负责调换)

前　言

随着社会技术的进步及各高校学生动手能力的逐渐提高，学生已不再满足于验证性类型的实验、实践。例如，以往的电工电气类实验课程中所用的设备大多数为模块化、插接线、验证性设备，因此类设备的集成度较高，学生在设备上的可扩展操作性差，自由发挥与创新性受到较强限制。基于此，结合智能制造的新工科教学方向，电子科技大学工程训练中心电工电气部将原有设备进行更换。在电工基础模块，仅提供给学生最基础的电源、器件及各类耗材，由学生自行设计方案、选择器材、搭建电路、调试优化等。在先进自动化模块，提供可拆解安装、可扩展功能的物料分拣线平台，以及自带多种智能装备的虚拟仿真软件。新实验设备使用后，学生的平均实验时长由原来的 120min 延长至 180min 左右，学生在此平台上所学知识的丰富程度、所锻炼技能的深入程度，均大大超过原验证性实验设备。

为配套改革后的课程"电工电气技术实训"，培养学生认真严谨、耐心专注的大国工匠精神，结合新工科实践教学改革，编者撰写本书。本书在实验内容设置上，结合电工电气技术，既能体现经典传统技术中的细节操作，也能展现社会科技中的前沿技术发展；既能锻炼学生严谨专注的动手能力，又能开阔学生面向未来的视野。

本书的具体实验内容包括用电安全与电工基础、电气控制与应用、先进自动化与PLC、先进自动化虚拟仿真四大模块。其中，用电安全与电工基础主要讲述在日常生活和工作中应该注意的用电安全事项、触电急救方法、CPR 操作练习以及三相电产生及使用的基础知识；电气控制与应用主要针对家庭和工厂常用电气电路、电机的多种启动控制、机床电气电路、综合电机控制电路等进行学习、设计、安装与调试；先进自动化与PLC 以物料自动分拣系统为平台，主要针对平台三个站点的机械设备安装与调试，系统单站和多站联合的编程设计与调试进行训练，提高学生对自动化生产线的认知和 PLC 编程的调试技能；先进自动化虚拟仿真利用 VUP 虚拟仿真软件中的或者学生自行扩展的智能设备模型库进行单智能设备仿真与复杂自动化流水线仿真。

本书的特点如下：

(1)实训内容设计性较多，充分锻炼学生的动手与动脑能力，使逻辑思维与工程技能同步提高；

(2)课程内容紧贴现代科技前沿，经典与现代结合；

(3)课程内容紧靠国家智能制造战略方向；

(4)课程内容体现出专业区分度，不同专业有不同侧重知识点。

由于编者水平有限，书中难免存在不足之处，敬请广大读者批评指正。

编　者

2021 年 3 月

目　　录

第1章 用电安全与电工基础

实训 1.1 电气事故认知与人体急救练习

一、实训目的

(1)介绍基础电气知识。

(2)介绍各类触电途径及电气事故的紧急处理方法。

(3)掌握心肺复苏模拟训练假人"GD/CPR10180"的使用方法，并使用其进行急救操作练习。

二、实训原理及装置

(一)电工电气类常用基本知识概念名称

(1)什么是电?

按电子学的观点，有些物质是直接由原子构成的，有些物质是由分子构成的，而分子又是由原子构成的。原子是由原子核和核外电子组成的。原子核带有正电荷，核外电子带有负电荷并环绕着原子核高速旋转，这就是我们所说的"电"(也是物质所具有的一种性质)。

(2)什么是导体、绝缘体、半导体?

电阻率很小且易于传导电流的物质称为导体。各种金属都是导体，如铜、铝、铁等。常用的导线大都是用铜或铝做成的。有些液体也是导体，如日常用的水就能导电。从物质的内部结构看，导体往往是容易失去电子的物质，这是因为导体内原子核对部分电子的吸引力小，电子容易移动，这些能移动的电子称为自由电子。导体内拥有大量的自由电子，在电场力的作用下，很容易定向移动而形成电流。

不善于传导电流的物质称为绝缘体。如塑料、橡胶、胶木及干燥的木块、棉布等。绝缘体往往是不容易失去电子的物质。这是因为绝缘体的原子核对其外层电子束缚力很强，自由电子极少，故电阻率很大。

除了导体和绝缘体，还有一类物体的导电性能介于导体和绝缘体之间，这类物体称为半导体，如硅、锗等。常用的二极管、三极管和晶闸管等元件都是用半导体材料做成的。

(3)什么是绝缘击穿?

我们所说的绝缘体，是指导电能力在一定条件下比导体相对差的物体。但是导体和绝缘体并没有绝对的界限。在通常情况下是很好的绝缘体，当条件改变(如电压、温度、湿度)时也可能变成导体。例如，常用的电线用塑料皮做绝缘，它的耐电压能力是 500V，通常在380/220V 电压情况下使用，有安全保护作用，但如果电压超过 500V，电线用塑料皮做绝缘体，它的绝缘性能就变差，甚至会失去绝缘能力而导电，这就是日常提到的绝缘击穿。有些绝缘体遇到高温或者受潮湿，或者长久使用变老化，都有可能使绝缘能力下降，如常见的漏电现象，都是因绝缘损坏而发生的。所以要防止电气设备受潮，要监视电气设备的温度不能太高，电压不要超过设备的额定电压。

(4)什么是断路？什么是短路？短路有什么危险？

电气设备在正常工作时，电路中电流是由电源的一端经过电气设备流回电源的另一端，形成回路。如果将电路的回路切断或发生断线，电路中电流不通，这一现象就称为断路。如果电流不经电气设备而由电源一端直接回到电源另一端，从而导致电路中的电流剧增，这一现象就称为短路。

短路会造成电气设备过热，甚至烧毁电气设备、引起火灾。同时，短路电流还会产生很大的电动力，造成电气设备损坏。严重的短路事故，甚至会破坏电力系统稳定性，并会浪费电能。

(5)什么是电气原理图？

电气原理图是用来表明设备电气的工作原理，各电气元件的作用，以及相互之间的关系的一种表示方式。运用电气原理图的方法和技巧，对于分析电气线路、排除机床电路故障是十分有益的。电气原理图一般由主电路、控制电路、短路保护、配电电路等几部分组成。图 1.1.1 所示为某机床电气原理图。

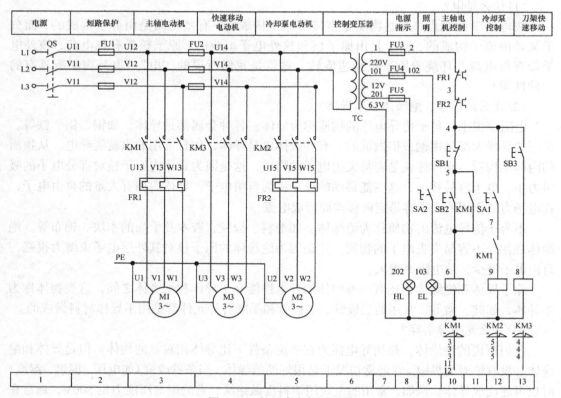

图 1.1.1　某机床电气原理图

(6) 电的分类有哪些？为什么目前普遍应用交流电？

直流电(direct current，DC)是电荷的单向流动或者移动，电流密度随着时间而变化，但是通常移动的方向在所有时间里都是一样的。

交流电(alternating current，AC)是指电流方向随时间呈周期性变化，在一个周期内的运行平均值为零。不同于直流电，它的方向是会随着时间发生改变的，而直流电没有周期性变化。

人们对于电能的应用，最早是从直流电开始的，但随着生产的发展和重工业的出现，交流电逐步得到广泛的应用。

交流电具有以下主要优点：可以通过变压器变换电压，在远距离输电时，通过升压变压器升高电压以减少线路损耗，获得最佳经济效益；而当使用时，又可以通过降压变压器把高压变为低压，这既有利于安全，又能降低对设备的绝缘要求。此外，对实际应用来说，交流电动机比直流电动机结构简单、造价低廉、坚固耐用、维修方便，也使交流电获得了广泛的应用。

(7) 三相交流电和单相交流电相比较有何优点？

目前工农业生产所用的动力电源，几乎全部采用三相交流电源。日常生活中所用的单相交流电，如电灯、单相用电设备等，也是由三相交流电源中的一相提供的。现在已经很少采用单独的单相交流电源了。

三相交流电较单相交流电有很多优点，它在发电、输配电以及电能转换为机械能方面，都有明显的优越性。例如，制造三相发电机、变压器都比制造单相发电机、变压器省材料，而且构造简单，性能优良。又如，用同样材料所制造的三相发电机，其容量比单相发电机大 50%。在输送同样功率的情况下，三相输电线较单相输电线，可节省 25% 的有色金属，而且电能损失较单相输电时少。由于三相交流电具有上述优点，因此获得了广泛的应用。

图 1.1.2 是三相交流电的波形示意图。

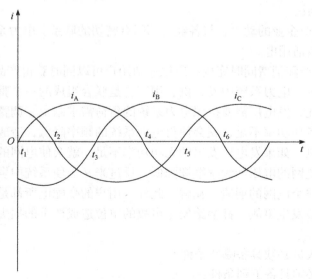

图 1.1.2　三相交流电的波形示意图

(8)什么是电力系统？什么是电力网？

由发电机生产电能，电力线路、变压器输送和分配电能，电动机、电炉、电灯和家用电器等用电设备消耗电能，在这些设备中，电能转化为机械能、热能、光能等。这些生产、输送、分配、消耗电能的发电机、电力线路、变压器、各种用电设备联系在一起组成的统一整体就是电力系统。

电力系统中，除发电机和用电设备以外的部分称为电力网，它是由各电压等级的输电线路和各种类型的变电所连接而成的网络。

(9)什么是火力发电？什么是水力发电？

火力发电是在火力发电厂进行的。火力发电厂用煤、石油或者天然气把锅炉里的水烧成蒸汽。利用蒸汽的力量推动汽轮机，汽轮机带动发电机发电。这种用煤、石油或者天然气燃烧，把热能变为电能的过程，称为火力发电。目前，我国有70%以上的电厂属于火力发电。

水力发电一般是由拦河坝把水蓄起来，或者是把河流较高处的水引过来，利用水的压力和流速冲动水轮机，水轮机再带动发电机旋转发电。这种把水的位能和动能转变成电能的过程，称为水力发电。

(10)电力生产与其他行业生产比较有什么特点？电力系统中发电、供电及用户之间的关系如何？

电力工业的生产与社会各生产企业的生产相比既有一致性，又有自己的特殊性。一致性，即生产、运输、销售三个环节，存在于一切生产企业。特殊性，也就是与其他工业生产有所区别，主要有：

① 在现代技术条件下，电能还不能大量储存，发电、供电、用电必须同时进行，同时完成。生产过程中，任何一个环节发生故障，都将破坏和影响电力系统的正常生产。

② 电力系统的电磁过渡过程非常迅猛，会破坏电力系统的稳定性，一般在几秒甚至在不足1s的时间内完成。

③ 电力是各生产企业的动力，与各经济部门有密切的联系。电力系统发生故障，将直接影响生产和人民生活用电。

④ 因为电力生产和消费同时完成，所以一切用户可以同时获得产品。

上述的特点决定了电力系统中发、供、用三者是联合组成的一个整体。它们之间始终是保持平衡的，因此，发电厂需要按照电力系统的负荷需求制定、调整本身的生产计划。如果发电厂发出的有功功率不足，就会使得电力系统的频率降低，造成供电质量低劣，影响用户正常生产用电。如果发电厂发出的无功功率不足，就会使电网的电压下降，不能保持额定电压。如果电网的电压和频率继续降低，反过来又会使系统中发电厂的出力降低，严重时，还会造成整个电网的崩溃、瓦解。此外，用户的变配电所都是与电力系统相连接的，无论哪一个环节发生事故，都会给发生事故的单位造成严重的损失，甚至还要影响更多的用户正常用电。

(11)电工作业人员必须具备哪些条件？

电工作业人员必须具备下列条件：

① 年满18周岁，经医师鉴定，无妨碍工作的病症，如两眼视力各不低于0.7(包括纠

正视力），不能有精神失常、色盲、癫痫、高血压、心脏病、眩晕及突发性昏厥等疾病（身体检查约两年一次）。

② 具备必要的电气知识，且按其职务和工作性质熟悉《电气安全工作规程》的有关内容，并经考试合格。一般要求电工作业人员有初中及以上的文化程度。

③ 学会紧急救护法，首先要学会触电解救法和人工呼吸法。

（12）高压、低压和安全电压是怎样规定的？

高压：凡对地电压在 250V 以上的称为高压。在直流系统中，550V 即为高压。在交流系统中，3kV、6kV、10kV、35kV 等都属于高压。

低压：凡对地电压在 250V 及以下者为低压。交流系统中的 220V、110V，三相四线制的 380/220V 均为低压。

安全电压：一般为 36V 及以下的电压，也就是对人身安全危害不大的电压。如 36V、24V、12V 均属安全电压。安全电压是相对于高压和低压而言的，对那些工作环境较差的场所来说，应将安全电压定为 12V，所以 12V 电压又称为绝对安全电压。

（13）什么是触电？人为什么会触电？

人体接触带电体，或者带电体与人体之间闪击放电，或者电弧波及人体时，电流通过人体进入大地或通过其他导体形成导电回路，这些都称为触电。

由于人体组织 60%以上是由含有导电物质的水分组成的，因此人体是良导体。当人体触碰带电体并形成电流通路时，电流就会通过人体，从而人触电。

电气类基本概念还包括静电、电场、超导体、静电屏蔽、尖端放电、电流、电压、电阻、欧姆定律、电功率、节点电流定律、回路电压定律、电磁感应、互感、涡流、集肤效应、交流电相序、交流电功率、功率因数、三相交流电供电、感抗、容抗等，在此不一一叙述，在后续的课程讲解中，会详细介绍相关的知识与概念。

（二）安全用电

1. 安全用电常识

电气安全是安全领域中与电气相关的科学技术及管理工程，电气安全主要包括人身安全与设备安全两个方面。

在电气工程操作中，一个操作顺序的颠倒或漏掉其中一个操作项目，都可能导致人员伤亡、设备损毁、大面积停电等严重的事故，造成严重的不良后果，甚至是严重的社会影响。有统计资料显示，电力施工中的各种事故，绝大多数不是由施工者的技能水平低造成的，而是由于其没有足够的安全意识。

触电伤害的特点是事故的预兆性不直观、不明显，而事故的危害性非常大。电流伤害人体的因素包括：

（1）流过人体的电流大小；

（2）电流通过人体的时间长短；

（3）电流通过人体的部位；

（4）电流通过人体的频率，其中工频电流对人体伤害最为严重；

（5）触电者的身体状况。身体水分越多，受到的伤害越大。女性比男性敏感，儿童比成人敏感，体重小的比体重大的敏感，患有心脏病的人触电后果更严重。

以工频电流为例，当流经人体的电流小于 10mA 时，人体不会产生危险的病理生理效应，但会产生麻刺等不舒服的感觉；当流经人体的电流在 10～30mA 时，人体会产生麻痹、剧痛、痉挛、血压升高、呼吸困难等症状，但通常不会致死；当电流大于 50mA 时，人体将会产生心室纤维性颤动，乃至人体窒息（"假死"），在两三分钟内就会夺去人的生命；当电流大于 100mA 时，足以立刻置人于死地。我国规定应用于一般环境的安全电压为 36V，安全电流一般为 30mA。

人体触电方式分为直接触电与间接触电。直接触电又分为单相触电、两相触电与跨步触电。

单相触电：由于电线绝缘破损、导线金属部分外露、导线或电气设备受潮等，其绝缘部分的能力降低，导致站在地上的人体直接或间接地与火线接触，这时电流就通过人体流入大地而造成单相触电事故，如图 1.1.3 所示。

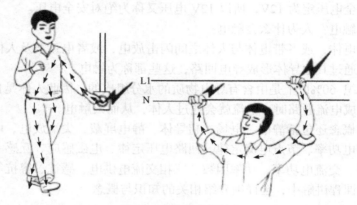

图 1.1.3　人体单相触电

两相触电：指人体同时触及两相电源或两相带电体，电流由一相经人体流入另一相，加在人体上的最大电压为线电压，其危险性最大，如图 1.1.4 所示。

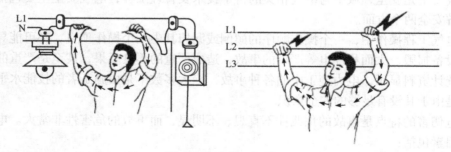

图 1.1.4　人体两相触电

跨步触电：对于外壳接地的电气设备，当绝缘损坏而使外壳带电，或导线断落发生单相接地故障时，电流由设备外壳经接地线、接地体（或由断落导线经接地点）流入大地，向四周扩散。如果此时人站立在设备附近地面上，两脚之间也会承受一定的电压，称为跨步电压，若跨步电压超过允许值，就会发生人身触电事故，如图 1.1.5 所示。

图 1.1.5　人体跨步触电

2. 防触电的安全技术

绝缘、屏护和间距是直接接触电击的基本防护措施。其主要作用是防止人体触及或过分接近带电体造成触电事故，以及防止短路、故障接地等电气事故。

此外，还有保护接地、保护接零等防电击措施，双重绝缘、安全电压和漏电保护措施。在生活与工作中，要防止触电需要注意的事项有：

（1）认真学习安全用电知识，提高自己防范触电的能力。注意电气安全距离，不进入已标识电气危险标志的场所。不乱动、乱摸电气设备，特别是当人体出汗或手脚潮湿时，不要操作电气设备。

（2）发生电气设备故障时，不要自行拆卸，要找持有电工操作证的电工修理。公共用电设备或高压线路出现故障时，要打报警电话请电力部门处理。

（3）不用质量低劣、破旧损坏的电线和电气设备。电气设备一定要有保护接零和保护接地装置，并经常进行检查，确保其安全可靠。

（4）根据线路安全载流量配置设备和导线，不任意增加负荷，防止过流发热而引起短路、漏电。更换线路保险丝时不要随意加大规格，更不要用其他金属丝代替。

（5）修理电气设备和移动电气设备时，要完全断电，绝缘老化、损坏的器件与导线要及时更换。

（6）雷雨天应远离高压电杆、铁塔和避雷针。各项施工中要避开高压线的保护距离。高压线落地时要离开接地点至少 20m，如已在 20m 之内，要并足或单足跳离 20m 以外，防止跨步触电。

（7）发生电气火灾时，应立即切断电源，用黄沙、二氧化碳灭火器灭火，切不可用水或泡沫灭火器灭火。

3. 电气火灾与常见灭火工具及其使用

1）电气火灾及其种类

电气火灾一般是指由电气线路、用电设备、器具以及供配电设备出现故障释放的热能：如高温、电弧、电火花以及非故障性释放的能量；如电热器具的炽热表面，在具备燃烧条件下引燃本体或其他可燃物而造成的火灾，也包括由雷电和静电引起的火灾。

电气火灾主要分为以下四种。

(1)漏电火灾。

漏电就是线路的某一个地方因为某种原因(自然原因或人为原因,如风吹雨打、潮湿、高温、碰压、划破、摩擦、腐蚀等)使电线或支架材料的绝缘能力下降,导致电线与电线之间(通过损坏的绝缘、支架等)、导线与大地之间(电线通过水泥墙壁的钢筋、马口铁皮等)有一部分电流通过,这种现象就是漏电。

当漏电发生时,泄漏的电流在流入大地途中,如遇电阻较大的部位时,会产生局部高温,致使附近的可燃物着火,从而引起火灾。此外,在漏电点产生的漏电火花,同样也会引起火灾。

(2)短路火灾。

电气线路中的裸导线或绝缘导线的绝缘体被破损后,火线与零线,或火线与地线在某一点碰在一起,引起电流突然大量增加的现象就称为短路,俗称碰线、混线或连电。

由于短路时电阻突然减少,电流突然增大,其瞬间的发热量也很大,大大超过了线路正常工作时的发热量,并在短路点易产生强烈的火花和电弧,不仅能使绝缘层迅速燃烧,而且能使金属熔化,引起附近的易燃、可燃物燃烧,造成火灾。

(3)过负荷火灾。

过负荷是指当导线中通过的电流量超过了安全载流量时,导线的温度不断升高,这种现象就是导线过负荷。

当导线过负荷时,导线绝缘层加速老化变质。当严重过负荷时,导线的温度会不断升高,甚至会引起导线的绝缘层发生燃烧,并能引燃导线附近的可燃物,从而造成火灾。

(4)接触电阻过大火灾。

凡是导线与导线、导线与开关、熔断器、仪表、电气设备等连接的地方都有接头,在接头的接触面上形成的电阻称为接触电阻。当有电流通过接头时,接头会发热,这是正常现象。如果接头处理良好,接触电阻不大,则接头点的发热就很少,可以保持正常温度。如果接头中有杂质,连接不牢靠或其他原因使接头接触不良,造成接触部位的局部电阻过大,当电流通过接头时,就会在此处产生大量的热,形成高温,这种现象就是接触电阻过大。

在有较大电流通过的电气线路上,如果在某处出现接触电阻过大现象,就会在接触电阻过大的局部范围内产生极大的热量,使金属变色甚至熔化,引起导线的绝缘层燃烧,并引燃附近的可燃物或导线上积落的粉尘、纤维等,从而造成火灾。

电气火灾前,都有一种前兆,要特别引起重视,就是电线过热首先会烧焦绝缘外皮,散发出一种烧胶皮、烧塑料的难闻气味。所以,当闻到此气味时,应首先想到可能是电气方面原因引起的,如果查不到其他原因,应立即拉闸停电,直到查明原因,妥善处理后,才能合闸送电。

2)常见灭火工具与使用

(1)泡沫灭火器。

用途:

① 适用于扑救一般火灾,如油制品、油脂等无法用水来施救的火灾。

② 不能扑救水溶性可燃、易燃液体的火灾，如醇、酯、醚、酮等物质火灾。

③ 不可用于扑灭带电设备的火灾。

使用方法：

① 在未到达火源的时候切记勿将其倾斜放置或移动。

② 距离火源 10m 左右时，拔掉安全栓。

③ 拔掉安全栓之后将灭火器倒置，一只手紧握提环，另一只手扶住筒体的底圈。

④ 对准火源的根部进行喷射即可。

(2) 干粉灭火器。

用途：

① 可扑灭一般的火灾，还可扑灭油、气等燃烧引起的火灾。

② 主要用于扑救石油、有机溶剂等易燃液体、可燃气体和电气设备的初期火灾。

使用方法：

① 拔掉安全栓，上下摇晃几下。

② 根据风向，站在上风位置。

③ 对准火苗的根部，一只手握住压把，另一只手握住喷嘴进行灭火。

(3) 二氧化碳灭火器。

用途：

① 用来扑灭图书、档案、贵重设备、精密仪器、600V 以下电气设备及油类的初期火灾。

② 适用于扑救一般 B 类火灾，如油制品、油脂等火灾，也适用于 A 类火灾。

③ 不能扑救 B 类火灾中的水溶性可燃、易燃液体的火灾，如醇、酯、醚、酮等物质火灾。

④ 不能扑救带电设备及 C 类和 D 类火灾。

使用方法：

① 使用前不得使灭火器过分倾斜，更不可横拿或颠倒，以免两种药剂混合而提前喷出。

② 拔掉安全栓，将筒体颠倒过来，一只手紧握提环，另一只手扶住筒体的底圈。

③ 将射流对准燃烧物，按下压把即可进行灭火。

注意事项：

使用二氧化碳灭火器时注意不要握住喷射的铁杆，以免冻伤手。

(4) 灭火毯。

或称消防被、灭火被、防火毯、消防毯、阻燃毯、逃生毯，是由玻璃纤维等材料经过特殊处理编织而成的织物，能起到隔离热源及火焰的作用，可用于扑灭油锅火或者披覆在身上逃生。在起火初期，将灭火毯直接覆盖住火源，火源可在短时间内扑灭。

(5) 灭火沙。

灭火沙是消防用的沙，一般是中粗的干燥黄沙，放在灭火沙箱或者消防桶内，用于扑灭油类的火情。

4. 人体触电的紧急处理方法

进行触电急救时，应本着迅速、就地、准确、坚持的原则，迅速脱离电源。如果电源开关离救护人员很近，应立即切断电源施救。

（1）迅速脱离电源。如果电源开关离救护人员很近，应立即切断电源；当电源开关离救护人员较远时，可用绝缘手套或木棒将触电人员与电源分离。当导线搭在触电者的身上或压在身下时，可用干燥木棍及其他绝缘物体将电源线挑开。

（2）就地急救处理。当触电者脱离电源后，尽快进行就地抢救。只有在现场对施救者的安全有威胁时，才需要把触电者转移到安全的地方再进行抢救，但不能把触电者长途送往医院再进行抢救。

（3）对不同受伤情况进行准确的施救操作。

如果触电者神志清醒，仅心慌、四肢麻木或者一度昏迷，还没有失去知觉，应让他安静休息。

如果触电者无知觉，有呼吸和心跳，在请医生的同时应随时观察其呼吸情况。

如果触电者呼吸停止，但心跳尚存，应进行人工呼吸；如果心跳停止，呼吸尚存，应采取胸外心脏按压法；如果呼吸和心跳均停止，则需同时采用人工呼吸加胸外心脏按压法抢救（CPR）。

（4）坚持抢救。坚持就是触电者复生的希望，百分之一的希望也要尽百分之百的努力。

（三）心肺复苏模拟训练假人及 CPR 操作

1. 心肺复苏模拟训练假人 GD/CPR10180 介绍

如图 1.1.6 所示为训练所用心肺复苏模拟训练假人，其特点为：解剖特征明显，手感真实，肤色统一，形态逼真，外形美观。人工手位胸外按压，正确的按压深度至少 4cm，不超过 6cm：按压深度正确，有正确蜂鸣提示；按压深度过小，有报警蜂鸣提示。模拟标准气道开放，人工口对口呼吸（吹气）；吹入的潮气量通过观察胸部的起伏来判断（潮气量标准为 500～1000ml）。操作频率：最新国际标准为 100～120 次/分钟。操作方式：训练操作。电源状态：电池。材料特点：面皮肤、颈皮肤、胸皮肤、头发采用优质 PVC 材料，由不锈钢模具经注塑机高温注压而成，解剖标志准确、手感真实、形态逼真、经久耐用、消毒清洗不变形，拆装更换方便。

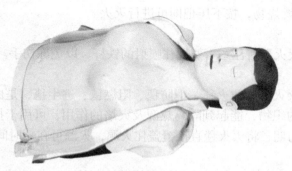

图 1.1.6　心肺复苏模拟训练假人 GD/CPR10180

2. 基本急救步骤

现场心肺复苏术主要分为三个步骤：打开气道、人工呼吸和胸外心脏按压。一般称为

ABC 步骤。

A 步骤：患者的意识判断和打开气道。

（1）意识判断：当发现一个倒地的患者，首先必须判断其是否失去知觉，通过喊话并拍其肩膀的方式判断其意识状态，其次进行呼救（请现场的人或附近的人协助抢救，打 120 急救电话或通知就近的医疗单位）。

为方便后续的人工呼吸或人工循环，需要改变患者体位，确保患者平躺在地上。当患者呈俯卧状态时，一种方法是先将患者双手上举，再将外侧（远离抢救者侧）下肢膝盖弯曲后驾在内侧（靠近抢救者侧）肢体上，然后一只手护着患者的颈部，另一只手置于患者的胸部，小心、平稳、慢慢地将患者转为仰卧位，并将其双上肢放在躯干两旁；另一种方法是先将患者内侧下肢交叉在外侧肢体上，再将外侧上肢抬肩伸直靠于头侧，一只手绕过患者内侧的上肢托肩，另一只手置于患者髋关节处，将其整个地翻为仰卧位，并将其双上肢放在躯干两旁。

（2）打开气道：患者心跳呼吸停止、意识丧失后，全身肌肉松弛，口腔内的舌肌也松弛，舌根后坠而堵塞呼吸道，造成呼吸阻塞。在进行口对口吹气前，必须打开气道，保持气道通畅。如图 1.1.7 所示，打开气道的方法有：仰头抬颌法，操作者站或跪在患者一侧，一只手置患者前额上稍用力后压，另一只手用食指置于患者下颌下沿处，将颌部向上向前抬起，使患者的口腔、咽喉轴呈直线。再通过看（胸廓有无起伏）、听（有无气流呼出的声音）、感觉（面部感觉有无气流呼出）三种方法检查患者是否有自主呼吸。如果无自主呼吸应该立即进行口对口吹气。

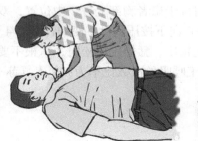

图 1.1.7　打开气道的操作

B 步骤：人工呼吸。

口对口吹气是向患者提供空气的有效方法。操作者置于患者前额的手在不移动的情况下，用拇指和食指捏紧患者的鼻孔，以免吹入的气体外溢，深吸一口气，尽力张嘴并紧贴患者的嘴，形成不透气的密封状态，以中等力量，1～1.5s 内向患者口中吹入约 800ml 的空气，吹至患者胸廓上升。吹气后，操作者即抬头侧离一边，捏鼻的手同时松开，以利于患者呼气。如此以 12 次/分钟的频率反复进行，直到患者有自主呼吸为止。

C 步骤：人工循环。

如图 1.1.8 所示，人工循环是通过胸外心脏按压形成胸腔内外压差，维持血液循环动力，并将人工呼吸后带有氧气的血液供给脑部及心脏以维持生命。

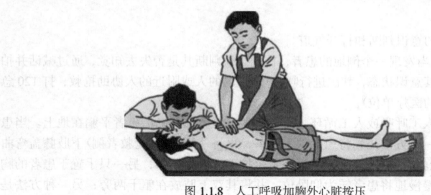

图 1.1.8　人工呼吸加胸外心脏按压

人工循环的方法如下。

（1）判断患者有无脉搏。

操作者跪于患者一侧，一只手置于患者前额使头部保持后仰位，另一只手以食指和中指尖置于喉结上，然后滑向颈肌（胸锁乳突肌）旁的凹陷处，触摸颈动脉。如果没有搏动，表示心脏已经停止跳动，应立即进行胸外心脏按压。

（2）胸外心脏按压。

第一步：确定正确的胸外心脏按压位置。先找到肋弓下缘，用一只手的食指和中指沿肋骨下缘向上摸至两侧肋缘与胸骨连接处的切迹，以食指和中指放于该切迹上，将另一只手的掌根部放于横指旁，再将另一只手叠放在该手的手背上，两手手指交叉扣起，手指离开胸壁。

第二步：施行按压。操作者前倾上身，双肩位于患者胸部上方正中位置，双臂与患者的胸骨垂直，利用上半身的体重和肩臂力量，垂直向下按压胸骨，使胸骨下陷 4～6cm，按压和放松的力量与时间必须均匀、有规律，不能猛压、猛松。放松时，掌根不要离开按压处。按压的频率为 100～120 次/分钟，按压与人工呼吸的次数比率为：单人复苏 15∶2，双人复苏 5∶1。

三、实训器材

序号	名称	型号与规格	数量	备注
1	心肺复苏模拟训练假人	GD/CPR10180	1	

四、实训内容及步骤

1. 使用前的准备

确认心肺复苏模拟训练假人设备整套完好，整套设备包括：

（1）半身模拟训练假人。

（2）模拟训练假人控制器及电源适配器。

（3）一次性 CPR 屏障消毒面膜。

(4)心肺复苏操作垫、使用说明书、手拉推式硬塑箱、9 针数据线。

进行急救训练前，操作者应先洗手，女生应清洗掉口红与唇膏，不允许在模拟人身上及脸部涂画。使用时请按正确要求操作，培养正确的急救习惯，切忌粗暴对待模拟训练假人以致损坏系统设备。

2. 成功完成 CPR 循环操作一次

(1)任务以小组方式进行，每组 2～3 人。

(2)从硬塑箱中取出模拟训练假人、控制器、操作垫、一次性 CPR 屏障消毒面膜，将操作垫置于地板上，模拟训练假人放置于操作垫上，按照图 1.1.9 将模拟训练假人与控制器连接好并开机。

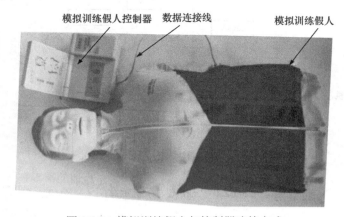

图 1.1.9　模拟训练假人与控制器连接方式

(3)将一次性 CPR 屏障消毒面膜展开贴在模拟训练假人面部。

(4)按开始按钮，每次以两人一组合作进行 CPR 训练，操作过程中注意沟通，注意观察控制器报警信息。

(5)个人进行 CPR 训练时，注意观察控制器报警信息，实现一个流程 5 个循环，控制时间在 2min10s 内，直至所有操作合格。

(6)关闭电源，将所使用模拟训练假人、控制器、操作垫等放回硬塑箱。

五、注意事项及规范

实施人工呼吸训练时必须使用一次性 CPR 屏障消毒面膜，防止交叉感染。

实训 1.2　电　工　基　础

一、实训目的

(1)了解三相交流电的产生，认识三相交流电及其相序。

(2)掌握三相四线制、三相三线制电路供电方式及负载连接方法。

(3)认识变压器，使用三相变压器完成两种不同负载接线方式，分别测量各电参数。

（4）了解六角桌电工实验台。

二、实训原理及装置

（一）三相交流电基础

简单的三相电力系统示意图如图 1.2.1 所示，发电机发出交流电经变压器升高电压后通过输电系统送到用电地区，到了用电地区再经过变压器降压并配电到具体负载。发电和输配电一般都采用三相制，三相电路在生产上应用最为广泛。

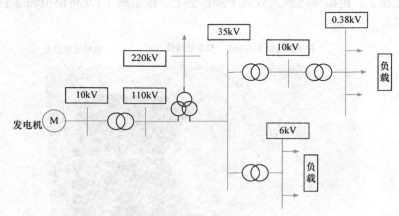

图 1.2.1　三相电力系统示意图

1. 三相交流电

三个具有频率相等、振幅相同、相位互差 120°、随时间做周期性变化的正弦电势（电压或电流）称为三相交流电，也可以称为三相对称电势（电压或电流）。

例如，三相对称电压 u_1、u_2、u_3 的表达式和相量表达式如下：

$$u_1 = U_m \sin \omega t, \quad u_2 = U_m \sin(\omega t - 120°), \quad u_3 = U_m \sin(\omega t - 240°)$$

$$\dot{U}_1 = U \angle 0°, \quad \dot{U}_2 = U \angle -120°, \quad \dot{U}_3 = U \angle -240°$$

其波形图及相量图如图 1.2.2 所示。

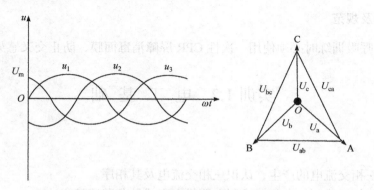

图 1.2.2　三相对称电压波形图及相量图

很显然，三相对称电压(电势)或电流的瞬时值或相量之和为零。

2. 三相交流电路主要供电形式

三相交流发电机或三相变压器三相绕组可以 Y 接或△ 接，其三相交流电路主要供电形式包括三相四线制供电和三相三线制供电，分别如图 1.2.3(a)～(c)所示，其中 U、V、W 为火线，N 为中性线。三相交流发电机很少采用三角形接法。

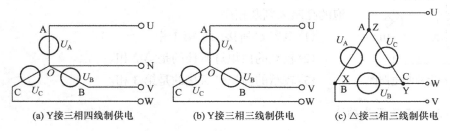

(a) Y接三相四线制供电　　　　(b) Y接三相三线制供电　　　　(c) △接三相三线制供电

图 1.2.3　三相交流电路供电形式

3. 三相负载的主要连接形式

三相负载也可以 Y 接或△ 接，如图 1.2.4 所示。

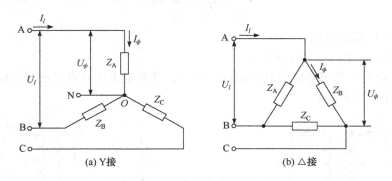

(a) Y接　　　　　　　　　　　(b) △接

图 1.2.4　三相负载的主要连接形式

在三相供电回路中，有相值和线值的定义。

相值：单相电源或负载的电压称为相电压 U_ϕ，电流称为相电流 I_ϕ。

线值：火线与火线之间的电压称为线电压 U_l，火线的电流称为线电流 I_l。

对于三相四线星形连接来讲，线电压与相电压，线电流与相电流的关系为

$$U_l=\sqrt{3}\,U_\phi$$

$$I_l=I_\phi$$

对于三相三线三角形连接来讲，线电压与相电压，线电流与相电流的关系为

$$U_l=U_\phi$$

$$I_l=\sqrt{3}\,I_\phi$$

4. 相序及相序检测电路原理

三相交流电压出现正幅值(或相应零值)的顺序称为相序。

三相电源的相序一般为 A 相(U 相)—B 相(V 相)—C 相(W 相)，称为正序；若改变其中任意两相的相位关系，如 A 相(U 相)—C 相(W 相)—B 相(V 相)，则称为负序。

图 1.2.5 所示为相序检测电路，用以测定三相电源的相序。它是由一个电容器和两个白炽灯连接成的星形不对称三相负载电路。

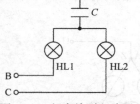

相序测量方法：测量时，将两个灯泡同时接入电路，根据灯泡的亮暗来判断相序。

(1)电容 C 所接的是第 1 相。

(2)较亮的白炽灯所接的是第 2 相。

图 1.2.5　相序检测电路图　　(3)较暗的白炽灯所接的是第 3 相。

(二)三相变压器基础

变压器是用来变换交流电压、电流和阻抗的设备，其原理结构如图 1.2.6 所示。

图 1.2.6 中一次绕组和二次绕组之间电压与电流的关系为

$$\frac{U_1}{U_2} = \frac{I_2}{I_1} \approx \frac{N_1}{N_2} = k$$

其中，k 称为变压器的变比。

1. 同相绕组极性(同名端)判断方法

同名端是指两个绕组感应电动势的同极性端，其测量方法有直流法和交流法。交流法测量原理图如图 1.2.7 所示。

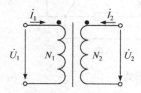　　　　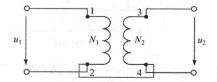

图 1.2.6　双绕组变压器原理结构　　图 1.2.7　交流法测量互感绕组同名端

(1)将两个绕组 N_1 和 N_2 的任意两端(如 2、4 端)连在一起。

(2)在其中的一个绕组(如 N_1)两端加一个低电压，另一个绕组(如 N_2)开路。

(3)分别测出交流端电压 U_{13}、U_{12} 和 U_{34}。若 $U_{13} = |U_{12} - U_{34}|$，则 1、3 是同名端；若 $U_{13} = |U_{12} + U_{34}|$，则 1、3 是异名端，1、4 是同名端。

2. 三相电力变压器连接组别

变压器的连接组别体现了变压器的另一个作用——变相位，它包括变压器一次侧、二次侧的连接形式和连接组号。

例如，Y,yn0 表示一次侧三相绕组 Y 接，二次侧三相绕组 Y 接且中性线引出，0 表示一次线电压与二次线电压相位差 0°。其接线图如图 1.2.8 所示。

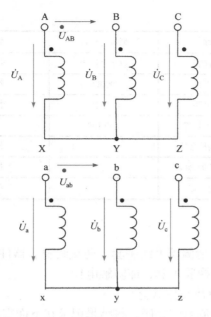

图 1.2.8　Y,yn0 接线图

　　为了方便，国家标准规定：单相双绕组电力变压器只有一个标准连接组别为 I,I0；三相双绕组电力变压器有五种连接组别，分别为 (Y,yn0)、(Y,d11)、(YN,d11)、(YN,y0)、(Y,y0)。其中 Y,yn0 主要用作配电变压器，其接线图如图 1.2.8 所示。其中，A、B、C 三相绕组通入交流电的相序规定为 A 相—B 相—C 相。

(三)六角边桌实验台

　　本实验的电源来自六角边桌实验台，其整体样式及电源实物图如图 1.2.9 所示。每台实验台包含六个工位与六套电源。单套电源包含 AC380V/3A 电源输出模块，AC220V/3A 电源插座模块。

图 1.2.9　六角边桌实验台及其电源

三、实训器材

序号	名称	型号与规格	数量	备注
1	电工仪表	数字万用表	若干	
2	电工工具	900Ω	若干	
3	低压电器	0～30V	若干	
4	电工实训装置	ETT168	1	
5	强电单端护套线		若干	
6	控制鱼叉护套线		若干	
7	三相变压器		若干	

四、实训内容及步骤

注意：在接线操作时，请佩戴毛线手套，防止线材、器件等扎伤手部。在通电操作或者通电检查时，请佩戴绝缘橡胶手套，谨防触电！

1. 工作台三相交流电源的相序测量

测量工作台输出三相交流电的相序，将结果记录在下面空白处。

2. 验证三相变压器同相绕组同名端

取三个单相变压器，验证同相双绕组的同名端，确保 A 与 a 同名，B 与 b 同名，C 与 c 同名。将测量数据与验证过程和结果记录在下面空白处。

3. 三相变压器 Y,yn0 连接组别接线

根据 Y,yn0 接线图，使用三个单相变压器连接为一个三相星形变压器。测量空载输入、输出线电压及相电压，记录在下面的空白处。

4. 实现以下三相负载不同接线方式及供电方式

(1)使用自己制作的三相变压器 Y,yn0 连接组别供电；使用给定的三相绕组变压器 Y,yn0 连接组别供电。

(2)将 6 个灯泡及底座按照每相 1、2、3 个的方式安装在网孔板上，每相灯泡连接为并联方式，如图 1.2.10 所示。

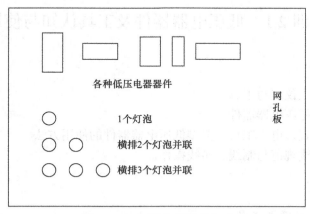

图 1.2.10　灯泡负载排列方式

(3)将灯泡负载连接为三相四线星形、三相三线星形、三相三线三角形，并分别测量不同接线方式下的相电压和线电压，记录不同接线方式灯泡的亮度情况，找出灯泡亮度情况不同的原因。数据及分析记录在下面的空白处。

5. 关闭实验台电源，整理器材

请将交流电源从右至左依次关闭，整理实验台上各类元器件即电工工具，整理完毕且确认电源关闭后离开实验室。

五、注意事项及规范

(1)实验前或实验结束时，关闭实验台总电源。

(2)接线或者改接线时，关闭实验台电源。

(3)接线或者改接线以及操作时，双脚踩在绝缘垫上。

(4)未经指导老师同意，不得私自接通电源。

第 2 章 电气控制与应用

实训 2.1 低压电器器件及工具认知与使用

一、实训目的

(1) 熟悉常见电工仪表与工具。
(2) 熟悉常见的低压电器器件。
(3) 掌握电工仪表、电工工具、典型低压电器器件的使用方法。
(4) 掌握电气布线规范与制线、布线操作。

二、实训原理及装置

(一) 常见的电工仪表与工具

常见电工仪表有万用表、钳形电流表、功率表、兆欧表、示波器等,常见电工工具有试电笔、电工胶带、电工刀、多种电工钳等,如表 2.1.1 所示。

表 2.1.1 常见电工工具及其作用

工具名称	图示	功能及使用注意事项
低压验电器 (试电笔)	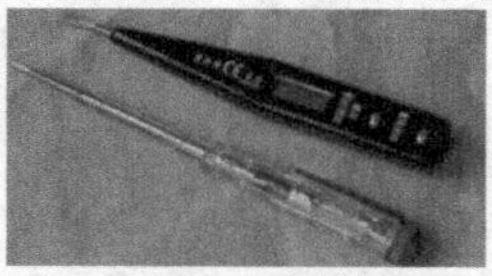	用于检验低压导体和电气设备是否带电,其检验范围为 60~500V。可以用来区分相线和零线、交流电和直流电,以及电压的高低
电工胶带		用于交流 380V 以下电线接头的绝缘包扎
电工刀	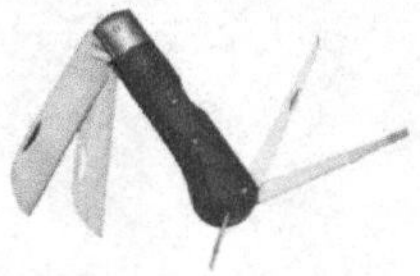	用于刨削或切削电工材料,多用电工刀除具有刀片外,还有折叠式的锯片、锥针和螺丝刀
断线钳 (斜口钳)	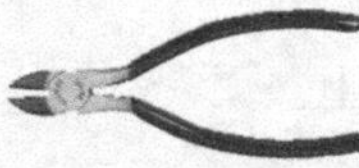	专用于剪断较粗的金属丝、线材和电线、电缆等
剥线钳		用于剥削直径 3mm 以下的塑料或橡胶绝缘导线的绝缘层

续表

工具名称	图示	功能及使用注意事项
压线钳	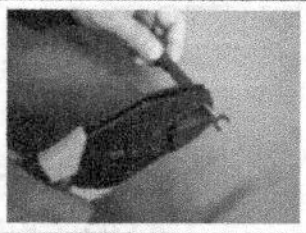	压线钳用于连接导线。将要连接的导线穿入压接管中或接线片的端孔中，然后用压线钳挤压压接管或接线片端孔使其变扁，将导线夹紧，达到连接的目的
一字形螺丝刀		螺丝刀头部形状和尺寸与螺丝钉尾部槽形和大小相匹配，用于拧紧或拧松螺丝钉
十字形螺丝刀		
绝缘导线(电气控制用导线)		外有绝缘层，线径较小，适合室内或电器柜内布线用，使用电压在 1kV 及以下者较多
电烙铁	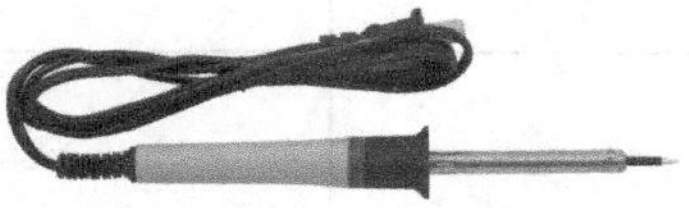	电烙铁是电子制作和电器维修的必备工具，主要用途是焊接元件及导线，按机械结构可分为内热式电烙铁和外热式电烙铁，按功能可分为无吸锡式电烙铁和吸锡式电烙铁，根据用途不同又分为大功率电烙铁和小功率电烙铁
吸锡器		吸锡器是一种修理电器用的工具，用于收集拆卸焊盘电子元件时熔化的焊锡。简单的吸锡器是手动式的，且大部分是塑料制品，它的头部由于常常接触高温，因此通常采用耐高温塑料制成

(二)常见的低压电器元件

常见低压电器元件如表 2.1.2 所示，包含空气开关、各类按钮、熔断器、接触器等。

表 2.1.2　常见低压电器元件

电器元件名称	元件图示	符号	功能
自动空气开关(低压断路器)	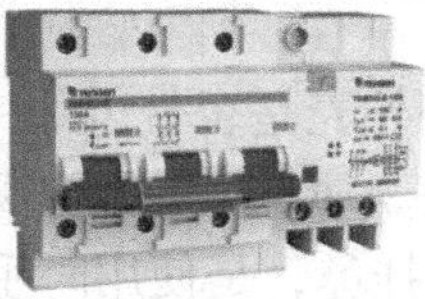	QF	用来接通或断开交流电路，实现短路、过载和失压保护
按钮		SB	用来接通或断开控制电路(电流很小)，从而控制电动机或其他电气设备的运行
单极开关(双极开关)		SA	具有一个(两个)常闭触点和一个(两个)常开触点的开关，常用来通断 8~10A 的交流电流
低压熔断器	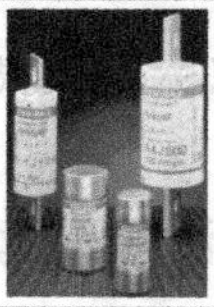	FU	接于电路中，实现最简便而且有效的短路保护

电器元件名称	元件图示	符号	功能
交流接触器		KM	用来接通和断开电动机或其他设备的主电路
热继电器	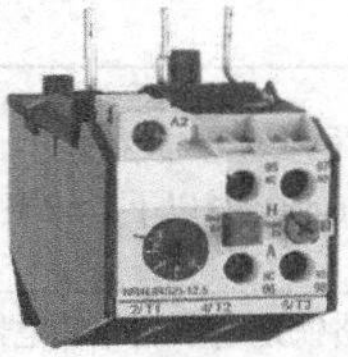	FR	利用过载电流通过热元件后，使双金属片加热弯曲，从而断开触点，起到过载保护的作用。主要用来对异步电动机进行过载保护
时间继电器		KT	用来进行时间延时控制的继电器

（三）电工仪表、电工工具、典型低压电器的使用方法

1. FLUKE 15B+数字万用表

如图 2.1.1 所示，FLUKE 15B+数字万用表是我们经常使用的一款万用表，因为它具有携带方便、使用简单、准确性较高等特点，所以在道岔电气测试、信号机测试、EAK 测试等测试中都有使用到。

2. 试电笔

试电笔是用来检查测量低压导体和电气设备外壳是否带电的一种常用工具。试电笔常做成钢笔式结构或小型螺丝刀结构。它的前端是金属探头，后部塑料外壳内装有氖泡、安全电阻和弹簧，笔尾端有金属端盖或钢笔形金属挂鼻，是使用时手必须触及的金属部分。

试电笔是检验电路通电是否良好的工具，试电笔的原理是氖泡中充有一种无色惰性气体（氖气），其在电场激发下能产生透射力很强的红光，当物体带电时，用试电笔测试时，氖泡发红，否则氖泡不亮。

如图 2.1.2 所示，测电时要用手摸试电笔尾部，因为这样才能形成电路，电流从试电笔一端流入，经过稀有气体，到达尾部，然后电流经过人体流到地下。如果不碰试电笔尾部，那么电流就没法从试电笔直接流到地下了。当然，这个电流是很小的，不会造成伤害，稀有气体电阻是很大的。

使用试电笔时，手接触笔尾的金属体、笔尖金属体接触被测电路。

3. 尖嘴钳

如图 2.1.3 所示，尖嘴钳的头部"尖细"，用法与钢丝钳相似，其特点是适合在狭

小的工作空间操作，能夹持较小的螺钉、垫圈、导线及电器元件。在安装控制线路时，尖嘴钳能将单股导线弯成接线端子(线鼻子)，有刀口的尖嘴钳还可剪断导线、剥削绝缘层等。

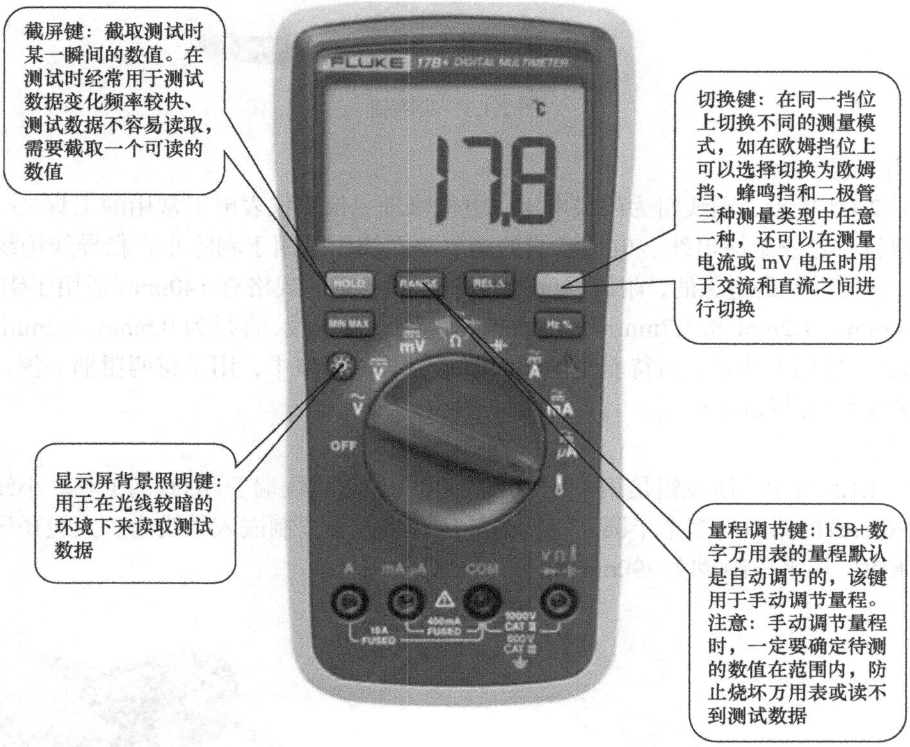

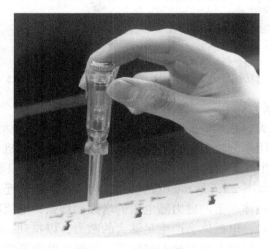

截屏键：截取测试时某一瞬间的数值。在测试时经常用于测试数据变化频率较快、测试数据不容易读取，需要截取一个可读的数值
切换键：在同一挡位上切换不同的测量模式，如在欧姆挡位上可以选择切换为欧姆挡、蜂鸣挡和二极管三种测量类型中任意一种，还可以在测量电流或 mV 电压时用于交流和直流之间进行切换
显示屏背景照明键：用于在光线较暗的环境下来读取测试数据
量程调节键：15B+数字万用表的量程默认是自动调节的，该键用于手动调节量程。注意：手动调节量程时，一定要确定待测的数值在范围内，防止烧坏万用表或读不到测试数据
FLUKE
17B+ DIGITAL MULTIMETER
17.8
HOLD
RANGE
REL
MIN MAX
Hz %
OFF
COM
10A FUSED
400mA FUSED
1000V CAT Ⅱ
600V CAT Ⅲ

图 2.1.1　FLUKE 15B+数字万用表

图 2.1.2　试电笔的使用

图 2.1.3　尖嘴钳

4. 剥线钳

如图 2.1.4 所示，剥线钳为内线电工、电机修理、仪器仪表电工常用的工具之一。它适合用于塑料、橡胶绝缘电线、电缆芯线的剥皮。剥线钳是用于剥除小直径导线绝缘层的专用工具，它的手柄是绝缘的，耐压强度为 500V。剥线钳的规格有 140mm（适用于铝、铜线，直径为 0.6mm、1.2mm 和 1.7mm）和 160mm（适用于铝、铜线，直径为 0.6mm、1.2mm、1.7mm 和 2.2mm）。使用方法是：将待剥皮的线头置于钳头的刃口中，用手将两钳柄一捏，然后一松，绝缘皮便与芯线脱开。

5. 压线钳

如图 2.1.5 所示，压线钳是用来压制导线"线鼻"（接线端子）的专用工具。小线径压线钳（$\Phi 1 \sim 6$mm）的钳口有多个半圆、六棱形牙口，将线鼻压制嵌入导线内。大线径压线钳一般为液压钳，用来压制 $\Phi 12 \sim 90$mm 线鼻。

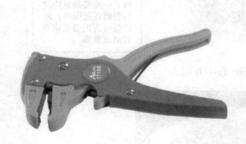

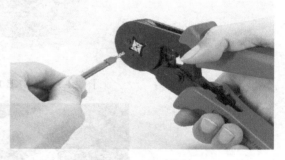

图 2.1.4　剥线钳　　　　　　　　　　图 2.1.5　压线钳

6. 断路器（空气开关）

断路器又称自动开关，它是一种既有手动开关作用，又能自动进行失压、欠压、过载和短路保护的电器。它用来分配电能，不用频繁地启动异步电动机，对电源线路及电动机等实行保护，当它们发生严重的过载或者短路及欠压等故障时能自动切断电路。

断路器的工作原理如图 2.1.6 所示，电路的火线与开关两端相连。开关置于接通状态时，电流能磁化电磁体，电磁体产生的磁力随电流的增强而增强，电流减弱，磁力也会减弱。当电流跃升到危险水平时，电磁体会产生足够大的磁力，以拉动一根与开关联动装置相连的金属杆，使移动接触器倾斜并离开静态接触器，切断电路中断电流。双金属条设计也是相同的原理，区别在于无须给电磁体能量，而是让金属条在高电流下发热自行弯曲，继而启动联动装置。

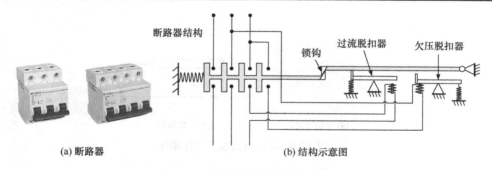

(a) 断路器　　　　　　　　　　　　　　(b) 结构示意图

图 2.1.6　断路器及其结构示意图

7. 按钮

如图 2.1.7 所示，按钮是一种由手指或手掌施加力而操作并具有弹簧储能复位的控制开关，是最常用的主令电器。按钮的触头允许通过的电流较小，一般不超过 5A，因此，它只在电流较小的控制电路中发出指令或信号。

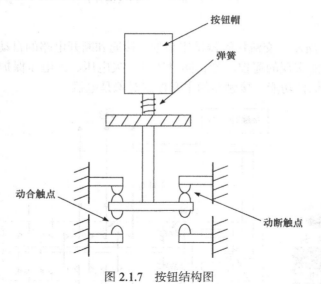

图 2.1.7　按钮结构图

8. 单极开关

一开单控就是开关面板上只有一个按钮，并且该按钮背后只有两个接线柱，工作模式就是控制一盏灯的开和关。

一开双控也是开关面板上只有一个按钮，但是它的背后有三个接线柱，用两个这种面板开关可以组成两个地方随意控制一盏灯的开关，如图 2.1.8 所示。

9. 低压熔断器

如图 2.1.9 所示，低压熔断器串接在所保护的电路中，当该电路发生过载或短路故障时，通过熔断器的电流达到或超过了某一规定值，以其自身产生的热量使熔体熔断而自动切断电路，起到保护作用。

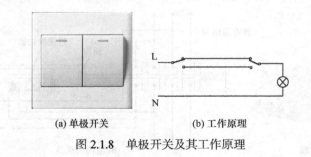

(a) 单极开关　　　　　　　(b) 工作原理

图 2.1.8　单极开关及其工作原理

图 2.1.9　低压熔断器及其外壳

10. 交流接触器

如图 2.1.10(a)所示，交流接触器是用来频繁接通和断开电路的自动切换电器，它具有手动切换电器所不能实现的遥控功能，同时还具有欠电压、失电压保护的功能，但却不具备短路保护和过载保护功能。接触器的主要控制对象是电机。

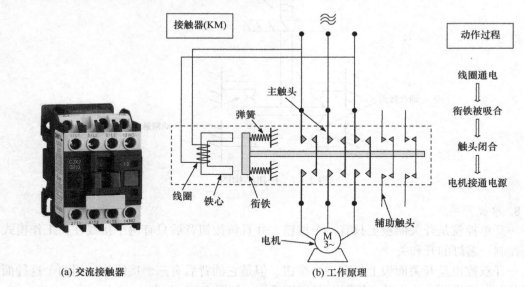

(a) 交流接触器　　　　　　　　　(b) 工作原理

图 2.1.10　交流接触器及其工作原理

交流接触器主要由触头系统、电磁机构和灭弧装置等组成，如图 2.1.10(b)所示。线圈和静触头是固定不动的，当线圈通电后，产生的电磁力克服弹簧的反作用力，将衔铁吸合并使动、静触头接触，从而接通主电路。当线圈断电时，由于电磁吸力消失，衔铁依靠弹簧的反作用力而跳开，动触头和静触头也随之分离，切断主电路。

11. 热继电器

热继电器是用于电动机或其他电气设备、电气线路的过载保护的保护电器。热继电器就是利用电流的热效应原理，在出现电动机不能承受的过载时切断电动机电路，为电动机提供过载保护的保护电器。

图 2.1.11 所示为热继电器内部结构及其工作原理，热元件接入电机主电路，若长时间过载，双金属片被加热。因双金属片的下层膨胀系数大，使其向上弯曲，杠杆被弹簧拉回，常闭触点断开。

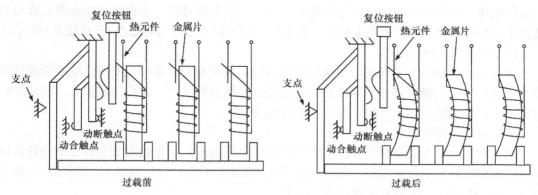

图 2.1.11　热继电器内部结构及其工作原理

12. 时间继电器

时间继电器是从得到输入信号(线圈通电或断电)起，经过一段时间延时后才动作的继电器。按其工作原理的不同，时间继电器可分为空气阻尼式时间继电器、电动式时间继电器、电磁式时间继电器、电子式时间继电器等。根据其延时方式的不同，时间继电器又可分为通电延时型和断电延时型两种。

1) 空气阻尼式时间继电器

空气阻尼式时间继电器利用空气通过小孔时产生阻尼的原理获得延时，图 2.1.12 展示其结构与工作原理。其结构由电磁系统、延时机构和触头三部分组成。电磁机构为双口直动式，触头系统为微动开关，延时机构采用气囊式阻尼器。

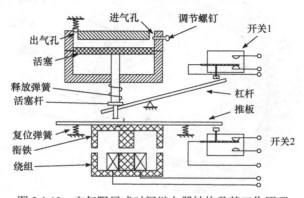

图 2.1.12　空气阻尼式时间继电器结构及其工作原理

当线圈通电后，铁心产生吸力，衔铁克服反力弹簧的阻力与铁心吸合，带动推板立即动作，压合微动开关使其常闭触头断开、常开触头闭合，同时活塞杆在宝塔形弹簧的作用下向上移动，带动与活塞相连的橡皮膜向上运动，运动的速度受进气口进气速度的限制，活塞杆带动杠杆慢慢移动，经过一段时间，活塞完成全部行程，压动微动开关完成延时动作。

2）电动式时间继电器

电动式时间继电器一般由铁心、线圈、衔铁、复位弹簧等组成。只要在线圈两端加上一定的电压，线圈中就会流过一定的电流，从而产生电磁效应，衔铁就会在电磁力吸引的作用下克服返回弹簧的拉力吸向铁心，从而带动衔铁的动触点与静触点(常开触点)吸合。

3）电磁式时间继电器

电磁式时间继电器是利用电磁线圈断电后磁通缓慢衰减的原理，使磁系统的衔铁延时释放而获得触点的延时动作而制成的。它的特点是触点容量大，故控制容量大，但延时时间范围小，精度稍差，主要用于直流电路的控制中。

4）电子式时间继电器

电子式时间继电器是利用 RC 电路中电容电压不能跃变，只能按指数规律逐渐变化的原理，即电阻尼特性获得延时的。它的特点是延时范围广(最长可达 3600s)，精度高(一般为5%左右)，体积小，耐冲击振动，调节方便。

（四）线缆

在实际电路布线前，需要按照场合选择合适的电线类型。

广义的电线电缆简称电缆。狭义的电缆是指绝缘电缆。它是由下列部分组成的集合体：一根或多根绝缘线芯，以及它们各自可能具有的包覆层、总保护层及外护层。电缆也可有附加的没有绝缘的导体。

1. 电线电缆的基本结构

电线电缆的基本结构如图 2.1.13 所示，主要包括导体、耐火层、绝缘、护套等部分。

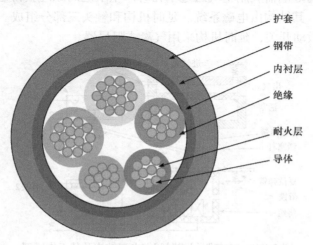

图 2.1.13　电线电缆的基本结构

　　导体是指传导电流的物体，电线电缆的规格都以导体的截面表示。

　　绝缘是指外层绝缘材料，该材料按耐压与耐热程度分为多个等级。

　　电(线)缆工作电流计算公式如下。

　　(1)单相：

$$I=P/(U\cos\varPhi)$$

式中，P 为功率(W)；U 为电压(220V)；$\cos\varPhi$ 为功率因数(0.8)；I 为相线电流(A)。

　　(2)三相：

$$I=P/(U\times1.732\times\cos\varPhi)$$

式中，P 为功率(W)；U 为电压(380V)；$\cos\varPhi$ 为功率因数(0.8)；I 为相线电流(A)。

　　一般铜导线的安全截流量为 5～8A/mm²，铝导线的安全截流量为 3～5A/mm²。

　　在单相 220V 线路中，每 1kW 功率的电流为 4～5A，在三相负载平衡的三相电路中，每 1kW 功率的电流为 2A 左右。

　　也就是说，在单相电路中，横截面积为 1mm² 的铜导线可以承受 1kW 功率荷载；三相平衡电路可以承受 2～2.5kW 的功率载荷。

　　但是电缆的工作电流越大，每平方毫米能承受的安全电流就越小。

　　2. 常用线缆类型

　　常用电力线缆有单铜芯绝缘线缆、软铜芯绝缘线缆、三芯护套线等。

　　电力线缆命名一般按照如下顺序：类别—导体—绝缘—内护层—外护层—铠装形式。

　　其中，电缆类别有 ZR(阻燃)、NH(耐火)、DDZ(低烟低卤)、WDZ(低烟无卤)、K(控制电缆类)、DJ(电子计算机)、N(农用直埋)、JK(架空电缆类)、B(布电线)、TH(湿热地区用)、FY(防白蚁、企业标准)等。

　　电缆导体有 T(铜导体)、L(铝导体)、G(钢芯)、R(铜软线)。

　　电缆绝缘有 V(聚氯乙烯)、YJ(交联聚乙烯)、Y(聚乙烯)、X(天然丁苯胶混合物绝缘)、G(硅橡胶混合物绝缘)、YY(乙烯乙酸乙烯橡皮混合物绝缘)。

　　电缆内护层(护套)有 V(聚氯乙烯护套)、Y(聚乙烯护套)、F(氯丁胶混合物护套)。

　　电缆外护层(屏蔽)有 P(铜网屏蔽)、P1(铜丝缠绕)、P2(铜带屏蔽)、P3(铝塑复合带屏蔽)。

　　铠装和外护套数字标记有：

　　0-无；

　　1-联锁铠装，纤维外被；

　　2-双层钢带，聚氯乙烯外套；

　　3-细圆钢丝聚乙烯外套；

　　4-粗圆钢丝；

　　5-皱纹(轧纹)钢带；

　　6-双铝(或铝合金)带；

　　7-铜丝编织。

　　电线电缆产品中铜是主要使用的导体材料，故铜芯代号 T 省写，但裸电线及裸导体制品除外。例如，BV 为铜芯聚氯乙烯绝缘电线，其中 B 为布电线，V 是聚氯乙烯绝缘材料，导体类型 T(铜)省略。

通信线缆命名一般按照如下顺序：分类—绝缘介质材料—护套材料—派生特性—特征阻抗—绝缘介质芯线外径整数值—屏蔽层。

其中，分类有 S(同轴射频)、SE(射频对称电缆)、ST(特种射频电缆)，因此同轴电缆的分类编号一般均为 S。

绝缘介质材料有 Y(聚乙烯)、F(聚四氟乙烯(F46))、X(橡皮)、W(稳定聚乙烯)、D(聚乙烯空气)、U(氟塑料空气)。

护套材料有 V(聚氯乙稀)、Y(聚乙烯)、W(物理发泡)、D(锡铜)、F(氟塑料)。

派生特性有 Z 代表综合/组合电缆(多芯)、P 代表多芯再加一层屏蔽铠装。

特征阻抗有 50Ω、100Ω、120Ω。

绝缘介质芯外径整数值以毫米为单位，1、2、3、4、5……

屏蔽层有 1 层、2 层、3 层及 4 层。

部分常用线缆类型如表 2.1.3 所示。

表 2.1.3　常用线缆类型

名称	外观	简述
BV (铜芯聚氯乙烯绝缘电线)		单铜芯聚氯乙烯普通绝缘电线，无护套线。用于交流电压 450/750V 及以下动力装置、日用电器、仪表及电信设备用的电线电缆
BVR (铜芯聚氯乙烯绝缘软电线)		由于电线比较柔软，常用于电力拖动中和电机的连接，以及电线常有轻微移动的场合
BVV (铜芯聚氯乙烯绝缘聚氯乙烯护套电线)		铜芯聚氯乙烯绝缘聚氯乙烯圆形护套电缆，铜芯(硬)布电线，简称护套线，单芯的是圆的，双芯的是扁的，用于明装电线
SYV (实心聚乙烯绝缘射频同轴电缆)		用于闭路监控及有线电视工程

续表

名称	外观	简述
SYW (物理发泡聚乙绝缘电缆)		用于在同轴光纤混合网(HFC)中传输数据模拟信号,也用于通信系统及信号控制系统
RVS (铜芯聚氯乙烯绝缘绞型连接电线)		用于家用电器、小型电动工具、仪器仪表、控制系统、广播音响、消防、照明及控制用线

3. 布线规范

(1)接线牢靠紧固,线头平整,不能露铜露丝。

(2)线束应横平竖直,整齐美观,走线方式一致。

(3)所有连接导线中间不能有接头。

(4)每个元件接点最多允许接 2 根线。

(5)主线路和控制线尽量分开,线号管长度统一为 25mm。

(6)当需要外部接线时,接线端子及元件接点距结构底部距离不得小于 150mm。

(7)电线颜色标准执行国标,如表 2.1.4 所示。

表 2.1.4　电线颜色国标

名称	颜色	名称	颜色
动力线	三相为黄、绿、红	零线	黑色
控制火线	红色	地线	绿色
24V+(24V)	黄色	24V-(GND)	浅蓝色
控制零线	黑色		

三、实训器材

序号	名称	型号与规格	数量	备注
1	维修电工实验台		1	
2	多种低压电器		若干	
3	多种电工工具		若干	
4	电工仪表		若干	
5	导线		若干	

四、实训内容及步骤

（一）制作导线的步骤与导线连接的要求

制作后导线的接触电阻要与制作前约等；机械强度不小于原有的 80%；绝缘性好，耐腐蚀性好；接线紧密，工艺美观。

1. 叉型导线制作

叉型导线由叉型线耳(俗称鱼叉头)与导线制作而成(图 2.1.14)，将导线末端剥去合适长度的绝缘层与保护层，将露出的(单芯或多芯)导线整理为一束，插进叉型线耳后端，使用压线钳(或者尖嘴钳、虎口钳等)将叉型线耳末端压实即可。叉型线耳末端不可有裸露铜线。

图 2.1.14　叉型线耳与叉型导线

2. 两断线一字连接(单股芯线)

作一字连接时，将两导线端去掉绝缘层作 X 相交，互相绞合 2~3 匝，两线端分别向两线连接后的芯线上紧密并绕 6 圈，多余线端剪去，钳平切口，如图 2.1.15 所示。

图 2.1.15　单股芯线一字连接示意图

3. T 字分支连接(单股芯线+多股芯线)

支线端和干线十字相交，支线芯线根部留出约 3mm 后将支线端在干线缠绕一圈，再环绕成结状，收紧线端后再向干线并绕 6~8 圈后剪去余线，如图 2.1.16 所示。

图 2.1.16　T 字分支连接示意图

4. 两断线一字连接(多股芯线)

剥去导线的绝缘层和保护层，将线头全长 2/3 分散成一根、两根、三根的三组芯线，形成伞骨状，两条导线用同样方法制成两个散开的伞骨状结构。将两个伞骨状结构隔根对插，插到每股线的中心完全接触，然后收拢张开的伞状芯线。在两个伞骨状结构中分出相邻的两股芯线(第一组)扳至垂直，顺时针方向并绕两圈后扳成直角与干线贴紧。同样分出另外两组芯线，按照相同的操作将后两组芯线绕至根部，最后去除多余线头并钳平，如图 2.1.17

所示。

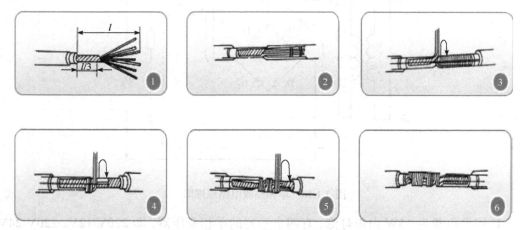

图 2.1.17　多股芯线一字连接示意图

图 2.1.17 中：①表示将导线剥去绝缘层与保护层后，分散成伞状结构；②表示两根伞状结构的导线充分对插后放平；③表示分出第一组芯线，紧密与干线缠绕两圈后平直；④表示分出第二组芯线，紧密与干线缠绕两圈后平直；⑤表示分出第三组芯线，紧密与干线缠绕两圈后平直；⑥表示去除多余线头并钳平。

（二）实训操作要求

1. 制线操作

按照上述方法，分别完成单股芯线的一字连接、T 字分支的连接，七(多)股芯线的一字连接、T 字分支的连接，叉型线的制作，共计 5 根线，做完摆好待查。

如果检查过程中可以轻易扯断连线，则需重新、认真制作连接线。

2. 焊接单相整流电路，接灯泡负载

单相整流电路原理图如图 2.1.18 所示。

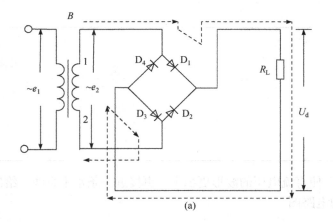

(a)

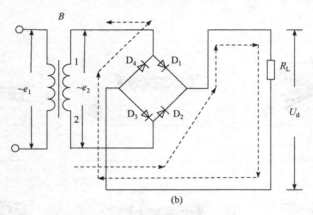

(b)

图 2.1.18　单相整流电路原理图

(1) 假设负载为 15W 白炽灯泡，有四个系列的单相变压器，即 220V/12V、220V/24V、220V/36V、220V/110V（功率均为 50W），有不同型号的整流二极管，有其他常规的低压电器器件。根据整流电路原理图，选择合适的器件与元件，将器件与元件选择清单填在下表中。

器件与元件清单（名称、数量、参数）

(2) 根据电路图与选择的器件，进行电路搭建与焊接工作。

(3) 测试电路，使用万用表或示波器查看直流电压值或波形。将观测到的直流波形画于下表中。

整流后的直流波形

(4) 设计电路，使直流电压的波形更稳定，更接近一条水平直线。给出优化方案，在下表中画出优化后的电路图。

优化后的电路图

（5）根据优化后的方案焊接电路，测试电路，在下表中画出优化后的整流直流波形。

优化后的整流直流波形

五、注意事项及规范

（1）实验前或实验结束时，关闭实验台总电源。

（2）接线或者改接线时，关闭实验台电源。

（3）接线或者改接线以及操作时，双脚踩在绝缘垫上。

（4）未经指导老师同意，不得私自接通电源。

实训 2.2　家庭常用电气电路安装

一、实训目的

（1）了解不同的家庭电路。

（2）掌握两地控制一盏灯与日光灯电路原理及安装。

（3）掌握利用时间继电器的延时关灯电路与安装。

二、实训原理及装置

一般的家庭电气线路如图 2.2.1 所示，由电网的单相 L、N 进入智能电表，再经过总闸开关，接入屋内各种负载。

对于不同的负载，其电路图也有不同的接法。典型的如灯泡负载的两地控制电路、日光灯负载的接线电路。

1. 两地控制一盏灯

如图 2.2.2 所示的电路中的器件有开关 K_1、K_2，灯泡 L。其中，电压 U 为 220V 的单相交流电。

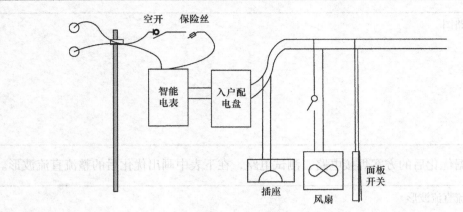

图 2.2.1　一般家庭电气线路

由图 2.2.2 可以看出，不管改变 K_1 与 K_2 中哪一个开关，都会关闭或开启灯泡 L。

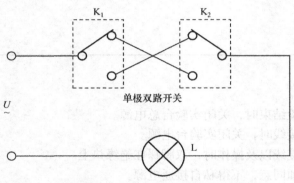

图 2.2.2　两地控制一盏灯电路原理

2. 日光灯电路

如图 2.2.3 所示，日光灯电路中的器件有单极开关 K_1、镇流器、日光灯管、插座、启辉器。

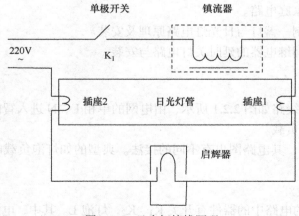

图 2.2.3　日光灯接线原理

其中，镇流器的结构是在硅钢制作的铁心上缠漆包线制作而成的，是一个带铁心的线圈，在瞬间开/关上电（电流突变）时，就会自感产生高压，如图 2.2.4 所示。在日光灯启动时镇流器会产生高压，该电压加在日光灯管两端的电极（灯丝）上，在日光灯点亮后，镇流器又起到了分压限流的作用。

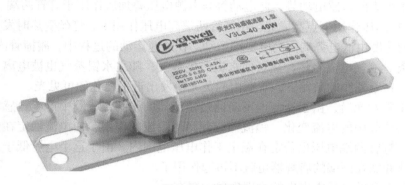

图 2.2.4　镇流器

启辉器是一个用来预热日光灯灯丝，并提高灯管两端电压，以点亮灯管的自动开关，如图 2.2.5 所示。启辉器的基本组成可分为充有氖气的玻璃泡、静触片、U 形动触片。动触片为双金属片，受热膨胀后会向静触片方向延展，并与静触片接通。

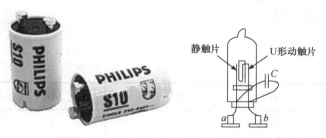

图 2.2.5　启辉器外观及其结构示意图

日光灯也叫荧光灯，本质是低压、热阴极的放电管，是一种低压汞蒸气放电管。日光灯一般由内壁涂荧光粉的玻璃管、涂覆电子发射物质的灯丝、芯柱和灯头等组成。玻璃管中充有少量的惰性气体和微量汞。作为灯电极的灯丝一般采用双螺旋或三螺旋结构，其上涂覆的电子发射物质通常为钡、锶、钙的氧化物，受热极易发射出大量电子。灯管内壁涂覆的荧光粉，受激发可以发出近乎白色的可见光。

日光灯启动的工作流程如下。

（1）通电伊始的状态。日光灯回路接通交流 220V 电源伊始，灯管回路断路，启辉器回路也断路，灯管与启辉器两端均加有同样的交流电压。

（2）启辉器“接通”，灯丝加热发射电子。随着加在启辉器两端交流电压瞬时值的增加，氖气被电离后出现微弱电流，继续加大电压，氖气将被击穿，正负离子复合产生辉光放电。启辉器中辉光放电产生热量，使双金属片受热膨胀，U 形动触片膨胀伸长，跟静触片接通，于是通过镇流器、启辉器触极和两端灯丝构成通路，镇流器线圈和灯管中的灯丝就有电流流过。灯丝很快被电流加热，发射出大量电子。

（3）启辉器"断开"，镇流器产生高压，加在灯管两端。由于这时启辉器两极闭合，两极间电压为零，氖气电离基本消失，辉光放电也消失，管内温度降低，双金属片自动复位，两极断开。在两极断开的瞬间，电路电流突然切断，此时镇流器电流从有到无，剧烈突变，使镇流器产生很大的自感电动势，此电动势与电源电压叠加后作用于灯管两端。

（4）灯管在高压作用下点亮发光。在灯管两端高电压作用下，灯丝受热时发射出大量电子，以极高的速度由低电势端向高电势端运动。在加速运动的过程中，碰撞管内氩气分子，使之迅速电离。氩气电离生热，热量使水银产生蒸气，随之水银蒸气也被电离，并发出强烈的紫外线。在紫外线的激发下，管壁内的荧光粉发出近乎白色的可见光。

日光灯正常发光后，由于交流电不断通过镇流器的线圈，线圈中产生自感电动势，自感电动势阻碍线圈中的电流变化。镇流器起到降压限流的作用，使电流稳定在灯管的额定电流范围内，灯管两端电压也稳定在额定工作电压范围内。由于这个电压低于启辉器的电离电压，因此并联在两端的启辉器也就不再起作用了。

在日光灯点亮的过程中出现的物理现象主要有：

（1）气体击穿与辉光放电。

（2）热敏金属热效应。

（3）镇流器续流效应。

（4）金属表面的发射与逸出功。

（5）荧光粉的受激辐射。

三、实训器材

序号	名称	型号与规格	数量	备注
1	万用表		1	
2	网孔板		1	
3	空气开关		1	
4	熔断器		若干	
5	其他		若干	

四、实训内容及步骤

结合两地控制一盏灯与日光灯控制电路，实现两地控制一盏日光灯电路。

操作要求（A）：两地控制一盏日光灯电路安装，实现延时关灯功能，定时时间自定。

操作要求（B）：两地控制一盏日光灯电路安装与调试。

（1）选择合理的器件与元件，填入下列的清单表格中。

电路元件清单(名称、数量)

（2）在下表绘制相应的电路图，电路应具备安全保护功能。

电路图

（3）在网孔板上搭建电路，调试，完成要求的功能。注意布线规范。

五、注意事项及规范

（1）实验前或实验结束时，关闭实验台总电源。

（2）接线或者改接线时，关闭实验台电源。

（3）接线或者改接线以及操作时，双脚踩在绝缘垫上。

（4）未经指导老师同意，不得私自接通电源。

（5）在调试电路过程中，必须盖好开关盖板。

实训 2.3　机床电气图的识别与绘制

一、实训目的

（1）掌握各器件在原理图中的符号。

（2）掌握电气原理图的识别方法。

（3）掌握不同功能的电气原理图的绘制方法。

二、实训原理及装置

（一）电气原理图的概念

一份完整的电气原理图纸包括图纸目录、元件明细表、电气柜尺寸图、元器件布置图、电气原理图。其中，电气原理图是用来表明设备电气的工作原理及各电器元件的作用、相互之间的关系的一种表示方式。运用电气原理图的方法和技巧，对于分析电气线路，排除机床电路故障是十分有益的。电气原理图主要用于研究和分析电路工作原理，一般由主电路、控制电路、保护、辅助电路等几部分组成。

一份电气原理图纸主要包括标题和目录、设计说明、设备材料表和电气图表。

（1）标题和目录：列出工程名称、项目内容、设计日期、图纸内容数量等。

（2）设计说明：写明工程概况、设计依据等，以及图纸中未能表达清楚的有关事项。

（3）设备材料表：列出工程中所使用材料与设备及其型号、规格、数量等。

（4）电气图表：作图表明系统基本组成，主要电气设备、元件之间的连接关系，以及该系统的组成概况。

电气图表是图纸中的核心部分，由各种电器元件的图形符号、文字符号以及各个电器元件之间的连接与工作关系构成。电气图表划分有功能分区，不同的功能分区对应了不同的电气电路部分，通过功能分区的文字描述就可以大致了解该部分电路的功能。

分析电气电路时，通过识别图纸上所画各种电器元件符号，以及它们之间的连接方式，就可以了解电路的实际工作原理。因此，识别电气原理图时需要掌握各种图例符号表达的内容，最好有合理的阅读顺序，例如，标题和目录→设计说明→设备材料表→电气图表→重点识读。

一般常用的绘制电气原理图的软件有电气 CAD、Protel99、Cadence 等。

（二）常用器件的电气原理图符号

常用器件电气原理图符号如表 2.3.1 所示。

表 2.3.1　常用器件电气原理图符号

类别	名称	图形符号	文字符号	类别	名称	图形符号	文字符号
电力电路开关器件	三极手动开关		QS	接触器	常开辅助触头		KM
	三极隔离开关		QS		常闭辅助触头		KM
	三极负荷开关		QS	时间继电器	通电延时(缓吸)线圈		KT
	三极低压断路器		QF		断电延时(缓放)线圈		KT
接触器	线圈操作器件		KM		瞬时闭合的常开触头		KT
	常开主触头		KM		瞬时断开的常闭触头		KT

续表

类别	名称	图形符号	文字符号	类别	名称	图形符号	文字符号
时间继电器	延时闭合的常开触头		KT	控制回路开关器件	手动旋转开关		SA
	延时断开的常开触头		KT		应急制动开关(正向操作保持功能)		SB
	延时断开的常闭触头		KT		钥匙操作式旋钮		SB
	延时闭合的常闭触头		KT	位置开关	常开触头		SQ
中间继电器	线圈		KA		常闭触头		SQ
	常开触头		KA		复合触头		SQ
	常闭触头		KA	互感器	电流互感器		TA
控制回路开关器件	单极开关		SA		电压互感器		TV
	先断后合转换开关		SA	热继电器	热元件		FR
	常开按钮		SB		常闭触头		FR
	常闭按钮		SB	熔断器	熔断器		FU
	复合按钮		SB	灯	信号灯(指示灯)		HL

续表

类别	名称	图形符号	文字符号	类别	名称	图形符号	文字符号
灯	照明灯	⊗	EL	控制电路电源用变压器	单相双绕组变压器		TC
电机	三相鼠笼式异步电动机	M 3~	M		单相三绕组变压器		TC
	三相绕线转子异步电动机	M 3~	M		一个绕组有中间抽头的变压器		TC

（三）识别与绘制电气原理图

电气原理图一般包括电源电路、主电路、控制电路、信号电路及照明电路。原理图可水平布置，也可垂直布置。

1. 电气原理图绘制基本步骤

（1）根据确定的拖动方案和控制方式设计系统的原理框图。

（2）设计出原理框图中各个部分的具体电路。设计时按主电路、控制电路、辅助电路、连锁与保护、总体检查反复修改与完善的先后顺序进行。

（3）绘制总原理图。

（4）恰当选用电器元件，并制订元器件明细表。

2. 电气原理图图纸

由边框线围成的图面称为图纸的幅面，电气原理图图纸幅面一般规定如图 2.3.1 及表 2.3.2 所示。

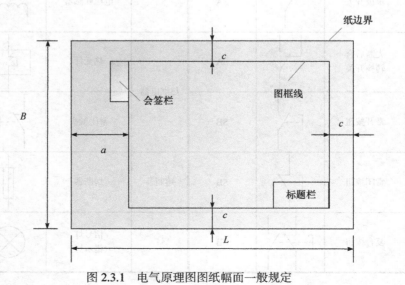

图 2.3.1　电气原理图图纸幅面一般规定

表 2.3.2　基本幅面尺寸

幅面代号	A0	A1	A2	A3	A4
尺寸($B \times L$，mm×mm)	841×1189	594×841	420×594	297×420	210×297
留装订边宽 c/mm	10	10	10	5	5
不留装订边宽 c/mm	20	20	10	10	10
装订侧边宽 a/mm			25		

3. 导线的表示方法

导线(分为单根与多根)的表示方法如图 2.3.2 和图 2.3.3 所示。

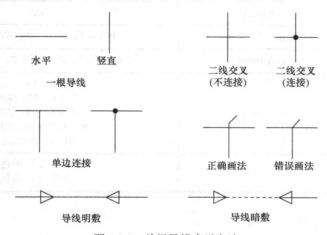

图 2.3.2　单根导线表示方法

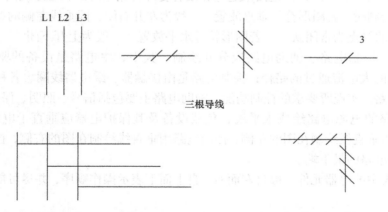

图 2.3.3　三根导线表示方法

4. 特定标记

在电气原理图中，需要对特殊导线或设备等进行标记，如表 2.3.3 所示。

表 2.3.3　部分导线或设备的特定标记

名称		特定标记
导线端	交流电源	相线：L1、L2、L3；中性线 N
	直流电源	正极：L+、负极：L−；中间线：M
	保护接地线	PE
	不接地保护导体	PU
	中性保护导体	PEN
	低噪声接地导体	TE
	机壳或机架接地	MM
	等电位连接	CC
设备	三相交流电动机	相线端子：U、V、W；零线端子：N
	直流电动机	正极端子：C；负极端子：D；中间端子：M
相位	交流三相系统	第 1 相，L1，黄色 第 2 相，L2，绿色 第 3 相，L3，红色 N 线及 PEN 线，淡蓝色 PE 线，黄绿双色
	直流系统	正极：L+，褚色 负极：L−，蓝色

5. 电气原理图绘图一般规则

(1)电气原理图中的电器元件是按未通电和没有受外力作用时的状态绘制的。

(2)在触点绘制时，若图形符号垂直放置，一般为左开右闭，即垂线左侧的触点为常开触点，垂线右侧的触点为常闭触点；若图形符号水平放置，一般为上开下闭。

(3)主电路、控制电路、辅助电路应分开绘制。其中，主电路是设备的驱动电路，从电源到电动机的大电流通过的路径；控制电路是由接触器、继电器线圈、各种电器的触点组成的逻辑电路，实现所要求的控制功能；辅助电路主要包括信号、照明、保护电路等。

(4)动力电路的电源电路绘成水平线，负载设备及其保护电器应垂直于电源电路。

(5)主电路用垂直线绘制在图的左侧，控制电路用垂直线绘制在图的右侧，控制电路的耗能元件绘制在电路的最下端。

(6)电气图表中的电器元件一般自左而右，自上而下表示操作顺序，并尽可能减少线条和避免线条交叉。

(7)连线交叉点用黑圆点表示。

(8)在原理图的上方将图分成若干图区，并标明该区电路的用途与作用，即功能分区。

(四)电动机点动与自锁原理图

电动机的点动控制与自锁控制功能原理图如图 2.3.4 所示。

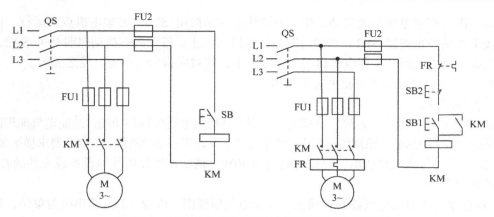

图 2.3.4 电动机的点动控制与自锁控制功能原理图

三、实训器材

序号	名称	型号与规格	数量	备注
1	绘图纸		若干	
2	铅笔、橡皮、直尺		1套	
3	机床电气柜		1台	

四、实训内容及步骤

1. 学习某机床电气柜设备硬件与功能

图 2.3.5 所示为某机床电气柜内部结构，其主要器件包含空气开关、接触器、热继电器、熔断器、三相电机(分为主轴电机、冷却泵电机、快速移动电机)、按钮、指示灯及照明灯。

图 2.3.5 某机床电气控制柜面板及内部结构图

其功能为按下主轴启动按钮 SB2，主轴电机启动且自锁。在主轴电机启动的前提下，向右扭动冷却泵电机启动旋钮 SA1，冷却泵电机开始持续工作，反之关闭。如果主轴电机未启动，则冷却泵电机不能启动。按下刀架快速移动按钮 SB3，刀架电机点动运行。任何时刻按下主轴停止按钮 SB1，主轴与冷却泵电机均停止运行。向右扭动照明开关 SA2，照明灯点亮，反之关闭。在各电机启动工作过程中，其对应指示灯点亮，反之关闭。

2. 根据某机床功能绘制出电气原理图

操作要求（A）：

（1）准备铅笔、橡皮、直尺、草稿纸。根据上述机床电气控制柜功能，绘制电气原理图，每人绘制一张，绘制电气原理图过程中，注意导线、设备符号绘制的规范，导线要求横平竖直。

（2）给出设备或元件清单，假设电机均为 40W，请给出所使用其他设备或元件的参数。

操作要求（B）：

（1）根据上述机床电气控制柜功能，绘制电气原理图。以 2～3 人的小组为单位，每组绘制一张电气原理图纸。

（2）给出设备或元件清单。

五、注意事项及规范

（1）在绘制电气原理图过程中，注意导线、设备符号绘制的规范，导线要求横平竖直。

（2）在使用电气控制柜过程中，注意操作规范及人身安全。

实训 2.4　三相交流电机点动控制与自锁控制

一、实训目的

（1）掌握三相交流电机点动控制原理。

（2）掌握三相交流电机自锁控制原理。

（3）熟悉安装三相交流电机点动与自锁控制电路。

二、实训原理及装置

（一）三相鼠笼式异步电动机的结构和铭牌

三相鼠笼式异步电动机是基于电磁感应原理把交流电能转换为机械能的一种旋转电机，三相鼠笼式异步电动机、三相定子绕组接线盒、鼠笼式转子绕组及电机爆炸图如图 2.4.1 所示。

(a) 三相鼠笼式异步电动机　　　(b) 三相定子绕组接线盒　　　(c) 鼠笼式转子绕组

(d) 电机爆炸图

图 2.4.1　三相鼠笼式异步电动机

　　三相鼠笼式异步电动机的基本结构分定子和转子两大部分。三相定子绕组一般有六根引出线，出线端装在机座外，如图 2.4.1(b) 所示。三相定子绕组可以接成星形或三角形再与三相交流电源相连。鼠笼式转子绕组结构如图 2.4.1(c) 所示，其形状如鼠笼。

　　三相鼠笼式异步电动机的额定值标记在电动机的铭牌上，本实训所用三相鼠笼式异步电动机的铭牌如图 2.4.2 所示。其中，"电压"是指额定运行情况下，定子三相绕组应加的电源线电压值。当额定电压为 380V 时，定子三相绕组应为 △ 接法，定子额定电流为 0.2A。

三相鼠笼式异步电动机							
型号	WDJ26	电压U_N(V)	380	接法	△	转速n(r/min)	1430
功率P_N(W)	40	电流I_N(A)	0.2	频率f(Hz)	50	绝缘等级	E

图 2.4.2　WDJ26 三相鼠笼式异步电动机铭牌

(二) 三相鼠笼式异步电动机定子绕组首、末端的判别

　　异步电动机三相定子绕组的六个出线端有三个首端和三相末端。一般，首端标为 A、B、C，末端标为 X、Y、Z。由于某种原因，定子绕组六个出线端标记无法辨认，可以通过实验方法来判别其首、末端(即同名端)，方法如下：

　　(1) 用万用电表欧姆挡确定哪一对端子属于同一相绕组，分别找出三相绕组，并任意标以符号，如 A、X；B、Y；C、Z。

　　(2) 将其中的任意两相绕组串联，并加以交流电压 U_1，如图 2.4.3 所示。

　　(3) 测量第三相绕组电压 U_2，若 $U_2 \neq 0$，则两相绕组首端与末端相连，如图 2.4.3(a) 所示；若 $U_2 = 0$，则两相绕组首端(或尾端)相连，如图 2.4.3(b) 所示。

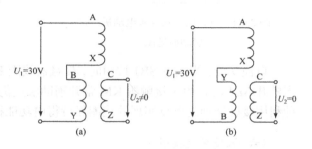

图 2.4.3　定子绕组首、末端判别电路

(三)三相鼠笼式异步电动机的启动

三相鼠笼式异步电动机直接启动电流可达额定电流的 4～7 倍,对容量较大的电机来说,过大的启动电流会导致电网电压的下降而影响其他的负载正常运行。因此,小容量的电机可以直接启动,大容量的电机通常采用降压启动。最常用的是 Y-△换接启动,它可使启动电流减小到直接启动的 1/3,其使用的条件是正常运行必须作△接法,图 2.4.4 是本实验所用三相鼠笼式异步电动机的△接启动接线原理图。

(四)三相交流电机点动控制原理

在企业生产过程中,常会见到用按钮点动控制电动机启停。它多适用于快速行程以及地面操作行车等场合。点动控制原理图如图 2.4.5 所示。

点动功能:按下点动按钮 SB,接触器 KM 线圈得电,主触头接通三相电源,电动机启动运行;放松点动按钮 SB,接触器 KM 线圈失电,主触头断开,电动机停止运行。

(五)三相交流电机自锁控制原理

电动机自锁控制是电动机保持长时间持续运转的基本控制电路。其原理电路如图 2.4.6 所示。

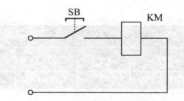

图 2.4.5　点动控制原理图

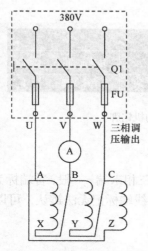

图 2.4.4　三相鼠笼式异步电动机△接
启动原理图

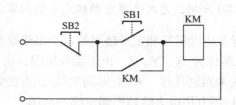

图 2.4.6　自锁控制原理图

自锁功能:当按下 SB1 按钮时,接触器线圈 KM 得电,接触器 KM 常开辅助触头接通;当松开 SB1 时,由于接触器 KM 常开辅助触点仍然闭合,KM 线圈仍然保持得电状态。这种利用接触器辅助触点实现的线圈保持得电功能称为自锁。

(六)低压交流接触器

低压交流接触器是电气传动和自动控制系统中应用最广的一种电器,它适用于远距离频繁地接通和分断交、直流主电路及大容量控制电路。其主要控制对象是电动机，也可用于控制照明设备、电焊机、电容器、电热设备等其他负载。接触器主要有交流接触器和直流接触器两种。它的分类如下。

(1)按主触头所控制电流种类：交流、直流。

(2)按主触头极数：单极、双极、多极。

(3)按主触头类别：常开式、常闭式、常开常闭兼有式。

(4)按操作电磁系统的控制电源种类：交流、直流。

(5)按灭弧介质：空气式、真空式。

(6)按有无灭弧室：有灭弧室、无灭弧室。

三、实训器材

序号	名称	型号与规格	数量	备注
1	万用表		1	
2	强电单端护套线		若干	
3	控制鱼叉护套线		若干	
4	网孔板		1	
5	其他		若干	

四、实训内容及步骤

(一)交流接触器动作检测

搭建电路给交流接触器线圈供电，当线圈得电或失电时，检测交流接触器主触头和辅助触头能否正常闭合与断开。

(二)三相交流电机点动与自锁电气原理图绘制及电路安装

操作要求(A)：

(1)实现三相交流电机既能点动又能长期运行的功能。

① 按下点动按钮，电动机启动运行；放松点动按钮，电动机停止运行。

② 按下并放松启动按钮，电动机启动并持续运行；按下并放松停止按钮，电动机停止运行。

③ 点动功能与长期运行功能互不干扰。

(2)绘制电气原理图。

电气原理图

（3）进行点动及自锁电路电气安装、调试。将调试过程及结果记录于下表中。

点动及自锁电路调试过程与结果

（三）三相交流电机点动电气原理图绘制及电路安装

操作要求（B）：

（1）实现三相交流电机的点动功能：按下点动按钮，电动机启动运行；放松点动按钮，电动机停止运行。

（2）绘制电气原理图。

电气原理图

（3）进行点动电路电气安装，调试。将调试过程及结果记录于下表中。

点动电路调试过程与结果

（四）三相交流电机自锁电气原理图绘制及电路安装

操作要求（A）：

（1）实现三相交流电机的自锁功能：按下并放松启动按钮，电动机启动并持续运行；按下并放松停止按钮，电动机停止运行。

（2）绘制电气原理图。

电气原理图

　(3)进行自锁电路电气安装，将调试过程及结果记录于下表中。

自锁电路调试过程与结果

五、注意事项及规范

　(1)实验前或实验结束时，关闭实验台总电源。
　(2)接线或者改接线时，关闭实验台电源。
　(3)接线或者改接线以及操作时，双脚踩在绝缘垫上。
　(4)未经指导老师同意，不得私自接通电源。
　(5)在调试中，必须将按钮盒安装好。

实训 2.5　三相交流电机正反转控制

一、实训目的

　(1)了解三相鼠笼异步电动机结构。
　(2)了解三相交流电机正反转原理。
　(3)掌握实现三相交流电机正反转的方法。

二、实训原理及装置

(一)三相鼠笼异步电动机转动原理

　图 2.5.1 所示为三相鼠笼异步电动机定子与转子结构，三相鼠笼异步电动机转动原理为：三相定子绕组接通三相电源后在定子与转子的气隙中形成旋转磁场，磁场的转速和电机极对数与电源频率相关。转子在旋转磁场中相当于切割磁力线运动，由于转子绕组是闭合的，

转子绕组中会产生感应电动势与感应电流。具有电流的转子绕组在磁场中要受力，在转子上形成转动力矩。

（1）电生磁：三相对称绕组通入三相对称电流后产生圆形旋转磁场。

（2）磁生电：旋转磁场切割转子导体感应电动势和电流。

（3）电磁力：转子载流（有功分量电流）体在磁场作用下受电磁力作用，形成电磁转矩，驱动电动机旋转，将电能转化为机械能。

电机转子转动方向与旋转磁场转向一致，但是 $N_{转子} < N_{旋转磁场}$。因为如果 $N_{转子} = N_{旋转磁场}$，则转子与旋转磁场间转速差为零，即没有相对运动，转子导体相当于不切割磁力线运动，不会产生感应电动势与感应电流，转动力矩为零。在现实情况下，电机转动力矩为零但转速不为零是无法实现的，所以 $N_{转子} < N_{旋转磁场}$。

选择磁场的转向取决于三相电流的相序，改变电动机转向即改变接入电机的相序，如图 2.5.2 所示。

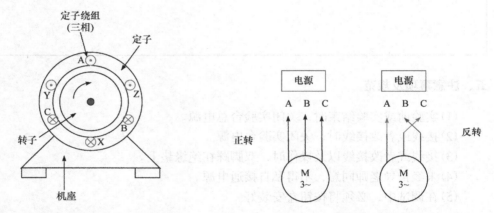

图 2.5.1　三相鼠笼异步电动机定子与转子结构　　　图 2.5.2　改变电动机转向方式

（二）三相交流电机正反转控制电路

实现三相交流电机正反转的控制方式有多种，一般有倒顺开关实现正反转控制（图 2.5.3）、接触器连锁实现正反转控制（图 2.5.4）、按钮连锁实现正反转控制（图 2.5.5）。

三、实训器材

序号	名称	型号与规格	数量	备注
1	万用表		1	
2	电流表		1	
3	强电单端护套线		若干	
4	控制鱼叉护套线		若干	
5	网孔板		1	
6	其他		若干	

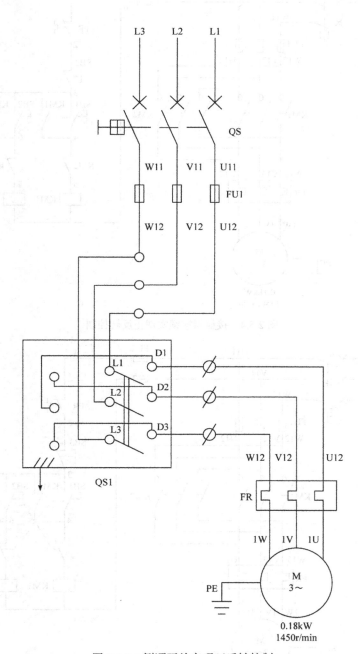

图 2.5.3　倒顺开关实现正反转控制

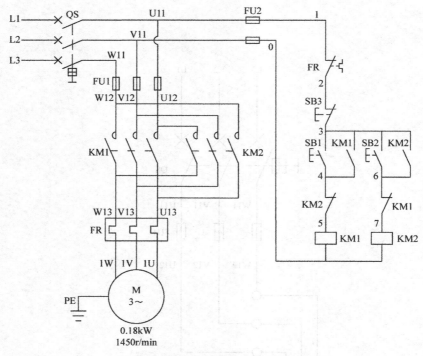

图 2.5.4　接触器连锁实现正反转控制

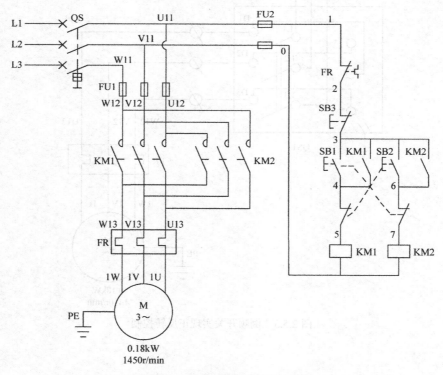

图 2.5.5　按钮连锁实现正反转控制

四、实训内容及步骤

（一）按钮与接触器双重连锁的三相交流电机正反转控制电路

操作要求（A）：

分析按钮连锁实现正反转控制与接触器连锁实现正反转控制电路，将二者结合，实现按钮与接触器双重连锁的三相交流电机正反转控制。

（1）绘制电气原理图并给出设备与器件清单。

电气原理图

（2）搭建电路与测试，并将调试过程与结果记录于下表中。

"按钮与接触器双重连锁的三相交流电机正反转控制"调试过程与结果记录

（二）按照接触器连锁实现正反转控制电路搭建

操作要求（B）：

给出设备与器件清单，并将调试过程与结果记录于下表中。

"接触器连锁实现正反转控制电路"设备与器件清单+调试过程与结果记录

五、注意事项及规范

（1）实验前或实验结束时，关闭实验台总电源。

（2）接线或者改接线时，关闭实验台电源。

（3）接线或者改接线以及操作时，双脚踩在绝缘垫上。

（4）未经指导老师同意，不得私自接通电源。

实训 2.6　交通信号灯的继电器控制

一、实训目的

（1）掌握时间继电器的使用原理。

（2）掌握继电器的控制原理。

（3）熟悉继电器的组合控制方法。

二、实训原理及装置

如图 2.6.1 所示的一般交通信号灯路口布置图，各路口均有红、绿、黄三色信号灯。不考虑各颜色灯转换延时的情况下，对于红色、绿色信号灯，对向同颜色信号灯亮灭状态相同，相邻同颜色信号灯状态相反；对于黄色信号灯，在绿红转换时有一段时间持续点亮，其余时间灭，此状态对各方向路口适用。

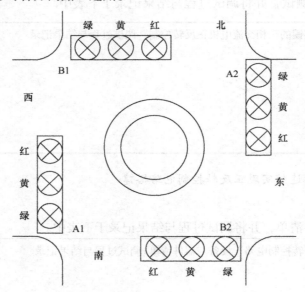

图 2.6.1　一般交通信号灯路口布置图

在不考虑各颜色信号灯闪烁的情况下，表 2.6.1 表示了路口所有信号灯的状态。因为红灯 A1 与红灯 A2 任何时刻状态相同，故表中用"A 红灯"代替 A1、A2，其他颜色信号灯类似。

表 2.6.1　路口红绿灯多种不同状态

名称	状态 1	状态 2	状态 3	状态 4	状态 5
A 红灯	1	1	0	0	1
A 绿灯	0	0	1	0	0
A 黄灯	0	0	0	1	0

续表

名称	状态 1	状态 2	状态 3	状态 4	状态 5
B 红灯	0	0	1	1	0
B 绿灯	1	0	0	0	1
B 黄灯	0	1	0	0	0

注：1 代表点亮，0 代表灭掉。

三、实训器材

序号	名称	型号与规格	数量	备注
1	万用表		1	
2	强电单端护套线		若干	
3	控制鱼叉护套线		若干	
4	网孔板		1	
5	其他		若干	

四、实训内容及步骤

具体步骤如下：

(1)根据要求画出信号灯状态表或时序图。

(2)根据状态表或时序图绘制电气原理图。

(3)选择合适的设备与器件种类及数量。

(4)在网孔板上布线安装设备与器件。

(5)调试、修改，实现要求的信号灯控制功能。

操作要求(A)：具有红、黄、绿三种颜色的交通信号灯控制。

假设各信号灯有红、黄、绿三色，根据表 2.6.1 绘制电气原理图草图，根据草图选择合适的设备与器件安装、调试，实现信号灯控制功能。

电气原理图

将调试过程及结果记录于下表中。

三色交通信号灯调试过程与结果记录

操作要求（B）：具有红、绿两种颜色的交通信号灯控制。

假设各路口信号灯只有红色与绿色，在不考虑信号灯转换时的闪烁与延时的情况下，给出信号灯状态表，并绘制电气原理图草图，根据草图选择合适的设备与器件安装、调试，实现信号灯控制功能。将调试过程及结果记录于下表中。

信号灯状态表

电气原理图

双色交通信号灯电路调试过程与结果记录

五、注意事项及规范

（1）实验前或实验结束时，关闭实验台总电源。

（2）接线或者改接线时，关闭实验台电源。

（3）接线或者改接线以及操作时，双脚踩在绝缘垫上。
（4）未经指导老师同意，不得私自接通电源。

实训 2.7　运料小车的一键自动往返控制

一、实训目的

（1）掌握限位开关的工作原理。
（2）掌握实现小车自动往返的方法。
（3）掌握一键启停的控制方法。

二、实训原理及装置

（一）限位开关

限位开关又称行程开关，是用以限定机械设备的运动极限位置的电气开关。在实际生产中，将限位开关安装在预先确定的位置，当生产机械运动部件撞击或者触发行程开关时，限位开关的触点动作实现电路的切换功能。因此，限位开关在电路中的作用原理与按钮类似。

限位开关基本有接触式和非接触式两类，接触式限位开关比较直观，如图 2.7.1(a) 所示。非接触式的形式常见的有干簧管、光电式、感应式等，如图 2.7.1(b)、(c) 所示。这几种形式的非接触式限位开关在电梯中都能够见到。

  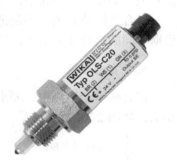

(a)接触式限位开关　　　　(b)感应式限位开关　　　　(c)光电式限位开关

图 2.7.1　接触式和非接触式限位开关

限位开关按其结构可分为直动式、滚轮式、微动式和组合式。

直动式限位开关的结构如图 2.7.2 所示，其动作原理与按钮开关相同，但其触点的分合速度取决于生产机械的运行速度，不宜用在速度低于 0.4m/min 的场所。

滚轮式限位开关的结构如图 2.7.3 所示，当被控机械上的撞块自右向左撞击滚轮 1 时，上转臂 2 转向左边，滑轮 6 带动套架 4 向右转动，当滑轮 6 经过横板 10 的中心点继续向右运动时，横板 10 将顺时针转动，使常闭触点 8 断开，常开触点 9 闭合。当运动机械返回时，在复位弹簧的作用下，各部分动作部件复位。

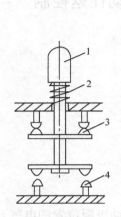

1-推杆；2-弹簧；3-动断触点；4-动合触点

图 2.7.2　直动式限位开关的结构

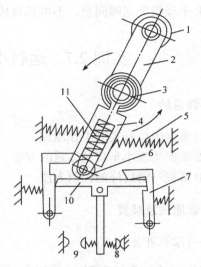

1-滚轮；2-上转臂；3-固定支点；4-套架；5、11-弹簧；

6-滑轮；7-压板；8、9-触点；10-横板

图 2.7.3　滚轮式限位开关的结构

微动式限位开关是具有微小接点间隔和快动机构、用规定的行程和规定的力进行开关动作的接点机构，因其开关的触点间距比较小，故名微动开关。微动开关的种类繁多，内部结构有成百上千种，按体积分有普通型、小型、超小型；按防护性能分有防水型、防尘型、防爆型；按分断形式分有单联型、双联型、多连型。微动开关是生活中用的最多的限位开关，如带照明的衣柜、洗衣机面板、电压力锅的锁紧等，均会用到微动行程开关。

组合式限位开关，即是把多个作用相同的限位开关做到一起，形成组合式限位开关。根据不同的组合开关形式，具备不用的限位开关性能，如机床用组合式限位开关等。

（二）自动往返

在有些生产机械中，要求工作台在一定距离内能自动循环移动，以便对工件进行连续加工，如图 2.7.4 所示。

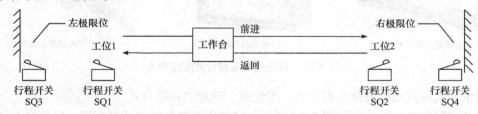

图 2.7.4　自动往返示意图

系统启动后，工作台从工位 1 出发，由电机带动正转前进，当运行到工位 2 时触发行程开关 SQ2，电机反转带动工作台自动返回；当返回到工位 1 时触发行程开关 SQ1，电机又正转带动工作台前进，如此往复运行，直到系统停止。

另外，还有两个行程开关 SQ3 和 SQ4 安装在工作台循环运动的方向上，它们处于工作台正常的循环行程之外，起终端保护作用，以防止 SQ1 和 SQ2 失效而造成事故。

三、实训器材

序号	名称	型号与规格	数量	备注
1	万用表		1	
2	强电单端护套线		若干	
3	控制鱼叉护套线		若干	
4	交流接触器		若干	
5	网孔板		1	
6	其他		若干	

四、实训内容及步骤

设计并搭建电气控制电路，实现工作台自动往返控制。

1. 实现系统一键启停功能

操作要求：

由一个按钮 SB 实现系统启停功能。

操作步骤：

(1) 绘制电气原理图，给出设备与器件清单。

电气原理图

(2) 根据电气原理图与设备清单搭建电路。

(3) 按下并放松按钮 SB，系统启动运行。

(4) 再次按下并放松按钮 SB，系统停止运行。给出调试过程与结果。

"三相电机一键启停"调试过程与结果记录

2. 利用行程开关实现工作台自动往返控制

操作要求：

(1) 系统启动后，电动机正转，当触发行程开关 SQ2 时，电动机停止并延时 10s，10s 后自动反转。

(2) 当触发行程开关 SQ1 时，电动机停止并延时 10s，10s 后自动正转。如此往复运行，直到系统停止。

操作步骤：

(1) 绘制电气原理图，给出设备与元件清单。

电气原理图

(2) 根据原理图与设备清单搭建电路。

(3) 测试电路是否正常工作。给出调试过程与结果。

"自动往返控制"电路调试过程与结果记录

3. 进行一键启停并自动往返电路的电气安装

操作要求：

(1) 按 SB 按钮，系统启动，电动机正转，当触发行程开关 SQ2 时，电动机停止并延时 10s，10s 后自动反转。

(2) 当触发行程开关 SQ1 时，电动机停止并延时 10s，10s 后自动正转，如此往复运行。

(3) 再次按 SB 按钮，系统停止运行。

操作步骤：

(1) 绘制电气原理图，给出设备与元件清单。

(2) 根据电气原理图与设备清单搭建电路。

(3) 测试电路是否正常工作。给出调试过程与结果。

电气原理图

"一键启停并自动往返电路"电路调试过程与结果记录

五、注意事项及规范

(1)实验前或实验结束时，关闭实验台总电源。

(2)接线或者改接线时，关闭实验台电源。

(3)接线或者改接线以及操作时，双脚踩在绝缘垫上。

(4)未经指导老师同意，不得私自接通电源。

第3章 先进自动化与PLC

实训 3.1 先进自动化认识与 PLC 基本指令

一、实训目的

(1) 了解先进自动化实训内容。

(2) 熟悉可编程控制器的工作原理。

(3) 掌握 PLC S7-200 的基本指令及其编程软件的使用方法。

二、实训原理及装置

(一)先进自动化介绍

工业先进自动化是机器设备或生产过程在不需要人工直接干预的情况下，按预期的目标高效地实现测量、操纵等信息处理和过程控制。

工业自动化是工业 4.0 与智能制造的重要前提之一，主要是在机械制造和电气工程领域。

工业自动化系统即机电一体化系统，主要是对设备和生产过程的控制，即由机械本体、动力部分、测试传感部分、执行机构、驱动部分、控制及信号处理单元、接口等硬件元素，在软件程序和电子电路逻辑的有目的的信息流引导下，相互协调、有机融合和集成，形成物质和能量的有序规则运动，从而组成工业自动化系统或产品。

自动化系统本身并不直接创造效益，但它对企业生产过程起着明显的提升作用，例如：

(1) 提高生产过程的安全性。

(2) 提高生产效率。

(3) 提高产品质量。

(4) 减少生产过程的原材料、能源损耗。

智能化是工业自动化的发展方向。一般来说，工业自动化系统中的控制模块主要利用速度快、稳定性高的 PLC 控制器。

(二)PLC 基本工作原理

PLC 是 Programmable Logic Controller(可编程逻辑控制器)的英文缩写，是一种过程控制装置。1985 年，国际电工委员会(IEC)对 PLC 作了定义：可编程逻辑控制器是一种数字运算操作的电子系统，专为在工业环境应用而设计。它采用一类可编程的存储器，用于其内部存储程序、执行逻辑运算、顺序控制、定时、计数与算术操作等面向用户的指令，并通过数字或模拟式输入/输出控制各种类型的机械或生产过程。可编程逻辑控制器及其有关外部设备，都按易于与工业控制系统联成一个整体、易于扩充其功能的原则设计。

1. PLC 基本原理

PLC 有两种基本的工作状态：运行(RUN)状态与停止(STOP)状态。

PLC 采用循环扫描工作方式，一般包括五个阶段：读取输入、执行用户程序、处理通信请求、自诊断检查、改写输出。

当 PLC 方式开关置于运行状态时，执行所有阶段。

当 PLC 方式开关置于停止状态时，不执行执行用户程序，此时可进行通信处理，如对 PLC 联机或离线编程。在不执行用户程序的情况下，改写输出阶段将不会导致输出结果改变，如图 3.1.1 所示。

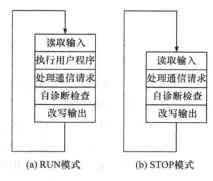

图 3.1.1　PLC 工作过程

2. PLC 硬件结构

可编程序控制器是以微处理器为核心的数字运算操作的电子系统装置，采用可编程序的存储器，用以在其内部存储执行逻辑运算、顺序控制、定时/计数和算术运算等操作指令，通过数字式或模拟式的 I/O 接口，控制各类生产过程。PLC 主要由 CPU 模块、输入模块、输出模块和编程器组成，其控制系统图如图 3.1.2 所示，常见的西门子 PLC 如图 3.1.3 所示。

图 3.1.2　PLC 控制系统图

S7-200　　　　　　　S7-300　　　　　　　S7-400

图 3.1.3　Siemens S7 系列 PLC

（1）CPU 模块：中央处理单元或控制器，主要由微处理器(CPU)和存储器组成。

（2）I/O 模块：输入模块用来接收和采集输入信号，输出模块控制执行器动作。

（3）编程器：是 PLC 的外部编程设备，也可以通过专用的编程电缆线将 PLC 与计算机连接起来，并利用编程软件进行计算机编程和监控，PLC 程序运行示意图如图 3.1.4 所示。

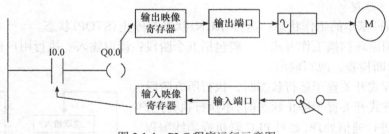

图 3.1.4　PLC 程序运行示意图

3. PLC 内部数据存储区及其寻址

1) 输入映像寄存器

在每次扫描周期的开始，CPU 对物理输入进行采样，并将采样值写入输入映像寄存器中，可以按位、字节、字或双字来存取输入映像寄存器中的数据。

用位寄存器表示，格式为 I[字节地址].[位地址]，例如，I0.0，如图 3.1.5 所示。

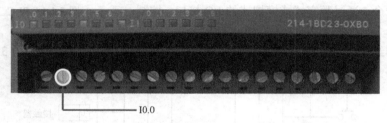

图 3.1.5　I0.0 的物理输入点

用字节、字或双字寄存器表示，格式为 I[数据长度][起始字节地址]，例如，IB0（I0.0～I0.7），如图 3.1.6 所示。IW0、ID0 分别为字和双字的寄存器表达方法。

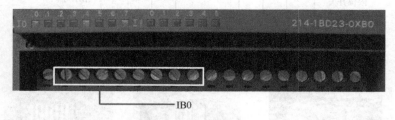

图 3.1.6　IB0 的物理输入点

2) 输出映像寄存器

在每次扫描周期的结尾，CPU 将输出映像寄存器中的数值复制到物理输出点上，并将采样值写入。可以按位、字节、字或双字来存取输出映像寄存器中的数据。

用位寄存器表示，格式为 Q[字节地址].[位地址]，例如，Q0.0，如图 3.1.7 所示。

用字节、字或双字寄存器表示，格式为 Q[数据长度][起始字节地址]，例如，QB0、QW0、QD0。

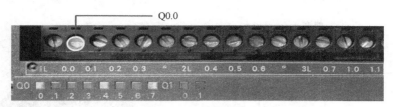

图 3.1.7　Q0.0 的物理输出点

4. PLC 的编程语言

PLC 的编程语言有多种，如梯形图、语句表、功能图等。梯形图是最常用的一种，也称为 LAD。梯形图来源于继电器控制电路图，根据输入条件，由程序运行结果决定逻辑输出的允许条件。逻辑被分成小的部分，称为"网络"或"段"。

在图 3.1.8 中，可以看出梯形图是由符号组成的图形化编程语言。梯形图与电路图十分相似，所不同的是在显示方式上梯形图分支的排列为上下横排，而电路图是左右竖排。

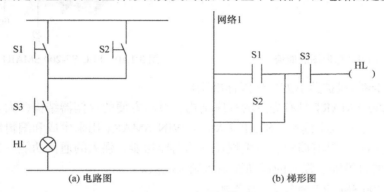

图 3.1.8　电路图与梯形图

梯形图常用┤├、┤/├ 图形符号表示 PLC 编程元件的动合与动断触点，用─( )─表示它们的线圈。梯形图的主要特点：梯形图两侧的垂直公共线称为公共母线（Bus Bar）。在分析梯形图的逻辑关系时，为了借用继电器电路的分析方法，可以想象左右两侧母线之间有一个左正右负的直流电源电压，当图中的触点接通时，有一个假想的"概念电流"从左到右流动，这一方向与执行程序时逻辑运算的顺序是一致的，如图 3.1.9 所示。

（三）PLC S7-200 SMART 简介与基本指令

1. PLC S7-200 SMART 简介

PLC S7-200 SMART 品种丰富，配置灵活，包括 10 种 CPU 模块，CPU 模块最多包括 60 个 I/O 点，标准型 CPU 最多可以配置 6 个扩展模块，经济型 CPU 价格便宜。有 4 种可安装在 CPU 内的信号板，使配置更为灵活。CPU 模块集成了以太网接口和 RS485 接口，可扩展一块通信信号板。PLC S7-200 SMART CPU 模块的硬件接口及其指示灯描述如图 3.1.10 所示。

图 3.1.10 中，①为 I/O 的 LED；②为端子连接器；③为以太网通信端口；④为用于在标准（DIN）导轨上安装的夹片；⑤为以太网状态 LED（保护盖下方）：LINK、RX/TX；⑥为状态 LED：RUN、STOP 和 ERROR；⑦为 RS485 通信端口；⑧为可选信号板（仅限标准型）；

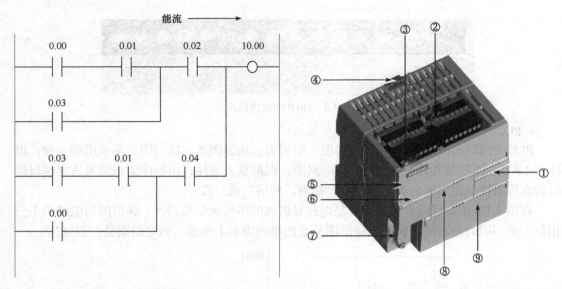

图 3.1.9　梯形图的能流　　　　　　　　图 3.1.10　PLC S7-200 SMART CPU 模块

⑨为存储卡读卡器（保护盖下方）（仅限标准型）。

　　PLC S7-200 SMART 具有先进的程序结构，灵活方便的存储器结构，大多数存储区可以按位、字节、字和双字读写。STEP 7 Micro/WIN SMART 用来生成和编辑用户程序，以及监控 PLC 的运行。具有简化复杂编程任务的向导功能、强大的通信功能、支持文本显示器和三种系列的触摸屏、强大的运动控制功能等优点。

　　2. PLC S7-200 SMART 的基本工作原理

　　一般 PLC 的工作原理是触电与线圈实现逻辑运算。用逻辑代数中的 1 和 0 来表示数字量控制系统中变量的两种相反的工作状态。线圈通电、常开触点接通、常闭触点断开为 1 状态，反之为 0 状态。在波形图中，用高、低电平分别表示 1、0 状态。

　　PLC S7-200 SMART 数据主要包括数字量输入（DI）、数字量输出（DO）、模拟量输入（AI）、模拟量输出（AO）。

　　其内部数据存储区主要包括以下几方面。

　　过程映像输入寄存器（I）：外部输入电路接通时对应的过程映像输入寄存器的状态为 ON（1 状态），反之为 OFF（0 状态）。

　　过程映像输出寄存器（Q）：梯形图中 Q0.0 的线圈"通电"时，输出模块中对应的硬件继电器的常开触点闭合。

　　变量存储器（V）：用来存放程序执行的中间结果和有关数据。

　　位存储器（M）：类似于继电器控制系统的中间继电器，32 字节。

　　定时器存储器（T）：定时器、计数器的当前值为 16 位有符号整数，定时器位用来描述定时器的延时动作的触点的状态。

　　计数器存储器（C）：计数器用来累计其计数脉冲上升沿的次数。计数器位用来描述计数器的触点的状态。

高速计数器(HC)：用来累计比 CPU 的扫描速率更快的事件。当前值为 32 位有符号整数。

累加器(AC0～AC3)：32 位，可以按字节、字和双字访问累加器中的数据。按字节、字只能访问累加器的低 8 位或低 16 位。累加器常用于向子程序传递参数和从子程序返回参数，或用来临时保存中间的运算结果。

特殊存储器(SM)：用于 CPU 与用户程序之间交换信息。其中，SM0.0 一直为 ON；SM0.1 仅在执行用户程序的第一个扫描周期为 ON；SM0.4 和 SM0.5 分别提供周期为 1min 和 1s 的时钟脉冲；SM1.0、SM1.1 和 SM1.2 分别为零标志、溢出标志和负数标志。

局部存储器(L)：各 POU 都有自己的 64 字节的局部存储器，仅仅在它被创建的 POU 中有效。作为暂时存储器，或给子程序传递参数。

同一调用级别的 POU 的局部变量使用分配给它们的公用的物理存储器。

模拟量输入(AI)：AI 模块将模拟量按比例转换为一个字的数字量。AI 地址应从偶数字节开始(如 AIW2)，AI 为只读数据。

模拟量输出(AQ)：AQ 模块将一个字的数字值按比例转换为电流或电压。AQ 地址应从偶数字节开始(如 AQW2)，用户不能读取 AQ。

顺序控制继电器(S)：用于顺序控制编程，32 字节。I、Q、V、M、S、SM 和 L 存储器区均可以按位、字节、字和双字来访问。

3. PLC S7-200 SMART 的基本指令

基本的逻辑指令及其对应的逻辑运算关系表如图 3.1.11 所示。

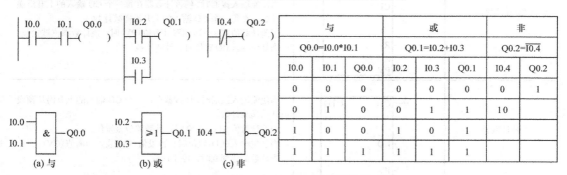

图 3.1.11　基本逻辑指令及其逻辑运算关系

PLC S7-200 SMART 常用基本指令如表 3.1.1 所示。

表 3.1.1　PLC S7-200 SMART 常用基本指令

指令名称	梯形图	功能
常开触点	??.?　⊣├	当常开触点对应的位等于 1 时，接通该触点
常闭触点	??.?　⊣/├	当常闭触点对应的位等于 1 时，断开该触点
输出指令	??.?　—( )	用于线圈驱动将输出位的新数值写入输出映像寄存器
非	⊣NOT├	将逻辑结果取反

续表

指令名称	梯形图	功能
置位	??.? —(S) ????	从 bit 开始的 N 个元件置 1 并保持
复位	??.? —(R) ????	从 bit 开始的 N 个元件置 0 并保持
接通延时定时器	???? IN　　TON ????-PT　　??? ms	输入端通电后，定时器延时接通； 当使能输入接通时，定时器开始计时； 当前值≥预设值时，定时器位被置位； 当使能输入(IN)断开时，消除当前值； 当达到预设时间后，定时器继续计时，一直计到最大值 32767
增计数器	???? CU　　CTU R ????-PV	在每一个 CU 输入的上升沿递增计数。 当使能输入接通时，在每一个 CU 输入的上升沿递增计数，直至计数最大值。 当前计数值(C×××)≥预置计数值(PV)时，该计数器位被置位。 当复位输入(R)置位时，计数器被复位
增/减计数器	???? CU　　CTUD CD R ????-PV	在每一个 CU 输入的上升沿递增计数，在每一个 CD 输入的上升沿递减计数。 当使能输入接通时，使该计数器在每一个 CU 输入的上升沿递增计数，在每一个 CD 输入的上升沿递减计数。 当前计数值(C×××)≥预置计数值(PV)时，该计数器位被置位。 当复位输入(R)置位时，计数器被复位
减计数器	???? CD　　CTD LD ????-PV	当使能输入接通时，计数器在每一个 CD 输入的上升沿从预设值开始递减计数。 当前计数值(C×××)=0 时，计数器位被置位。 当复位输入(LD)置位时，预设值(PV)装入当前值(CV)。 当计数值达到 0 时，停止计数

1) 常开常闭指令

┤├为常开指令，当常开指令位为 1 时，常开指令接通，能流可通过该指令；当常开指令位为 0 时，常开指令断开，能流无法通过该指令。

┤／├为常闭指令，当常闭指令位为 0 时，常闭指令接通，能流可通过该指令；当常闭指令位为 1 时，常闭指令断开，能流无法通过该指令。

—( )表示线圈输出指令，当该指令接通母线时，能量流流至该指令，则输出指令会将其位置为 1，反之置为 0。

2) 跳变指令

其中，指令—┤P├—为正跳变指令，检测到上升沿后指令接通一个扫描周期；指令—┤N├—为负跳变指令，检测到下降沿后指令接通一个扫描周期。

3) 置位指令与复位指令

置位指令和复位指令样式与操作功能如图 3.1.12 所示。

4) 定时器指令

定时器分为三种：

（1）接通延时定时器（TON）：用于定时单个时间间隔。

（2）有记忆的接通延时定时器（TONR）：用于累积多个定时时间间隔的时间值。

（3）断开延时定时器（TOF）：用于在 OFF（或 FALSE）条件之后延长一定时间间隔。

定时器对时间间隔计数，定时器的分辨率（时基）决定了每个时间间隔的长短。

S7-200 SMART 提供了 256 个可使用的定时器，即用户可用的定时器号为 T0～T255。TON、TONR 和 TOF 定时器提供三种分辨率：1ms、10ms 和 100ms。当前值的每个单位均为时基的倍数。例如，使用 10ms 定时器时，计数 50 表示经过的时间为 500ms。

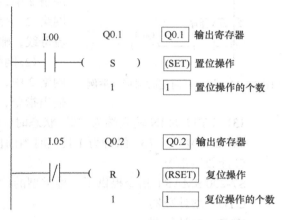

图 3.1.12　置位与复位指令

定时器号的分辨率（时基）及最大计数时间，如表 3.1.2 所示。

表 3.1.2　S7-200 SMART 定时器列表

定时器类型	分辨率	最大定时值	定时器值
TONR （可保持）	1ms	32.767s 或 0.546min	T0, T64
	10ms	327.67s 或 5.46min	T1～T4, T65～T68
	100ms	3276.7s 或 54.6min	T5～T31, T69～T95
TON,TOF （不保持）	1ms	32.767s 或 0.546min	T32, T96
	10ms	327.67s 或 5.46min	T33～T36, T97～T100
	100ms	3276.7s 或 54.6min	T37～T63, T101～T255

不同定时器的工作方式如表 3.1.3 所示。

表 3.1.3　S7-200 SMART 定时器工作方式

类型	当前值>预设值	使能输入 IN 的状态	上电循环/首次扫描
TON	定时器位接通 当前值继续定时到 32767	ON：当前值=定时值 OFF：定时器位断开，当前值=0	定时器位= OFF 当前值=0
TONR	定时器位接通当前值 继续定时到 32767	ON：当前值=定时值 OFF：定时器位和当前值保持最后状态和值	定时器位= OFF 当前值可以保持
TOF	定时器位断开 当前值=预设值，停止定时	ON：定时器位接通，当前值=0 OFF：在接通-断开转换之后，定时器开始定时	定时器位= OFF 当前值=0

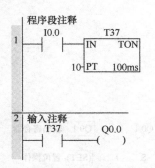

图 3.1.13　接通延时定时器指令举例

接通延时定时器指令举例，如图 3.1.13 所示。

其工作过程如下。

（1）网络 1 中，当 I0.0 为 1 并保持时（按下按键 I0.0），该常开指令接通，T37 的 IN 为 "1" 状态，定时器开始运行；网络 2 中，在 T37 定时当前值小于预设值时，T37 值为 0，网络 2 中常开指令断开，线圈输出指令无法接通左侧能流母线，输出线圈将 Q0.0 复位为 0。

（2）网络 1 中，T37 延时到达预置值，T37 置位为 1；网络 2 中，T37 值变为 1，常开指令接通，能流流至线圈输出指令，Q0.0 被置为 1。

（3）当 T37 的 IN 输入端为 "0" 状态时，定时器复位，T37 置为 0。

（4）如无复位，T37 保持为 1 且定时当前值继续增至最大值。

5）计数器指令

S7-200 SMART 指令提供了三种类型的计数器。

CTU：增计数器。

CTD：减计数器。

CTUD：增/减计数器。

计数器指令的梯形图格式，如图 3.1.14 所示。其中，CU：增计数信号输入端；CD：减计数信号输入端；PV：预置值；LD：装载预置值；R：复位输入。

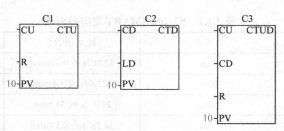

图 3.1.14　计数器指令的梯形图格式

计数器指令的有效操作数，如表 3.1.4 所示。

表 3.1.4　计数器指令接收操作数

输入/输出	数据类型	操作数
C××	WORD	常数（C0～C255）
CU、CD、LD、R	BOOL	I、Q、V、M、SM、S、T、C、L、逻辑流
PV	INT	IW、QW、VW、MW、SMW、SW、LW、T、C、AC、AIW、*VD、*LD、*AC、常数

注意：由于每个计数器有一个当前值，因此请勿将同一计数器编号分配给多个计数器。（编号相同的加计数器、加/减计数器和减计数器会访问相同的当前值）

计数器按如表 3.1.5 所列的方式工作。

表 3.1.5　计数器工作方式

类型	操作	计数器位	上电周期/首次扫描
CTU	CU 增加当前值直至达到 32767	当前值>预设值时,计数器位接通复位使能时,计数器位关断,当前值为 0	计数器位关断当前值可保留
CTD	CD 减少当前值,直至达到 0	当前值=0 时,计数器位接通复位使能时,计数器位关断,当前值为 0	计数器位关断。当前值可保留
CTUD	CU 增加当前值,CD 减少当前值。当前值持续增加或减少,直至计数器复位	当前值>预设值时,计数器位接通复位使能时,计数器位关断,当前值为 0	计数器位关断。当前值可保留

计数器计数范围为 0~32767。计数器号不能重复使用。计数器有两种寻址类型:Word(字)和 Bit(位)。计数器号既可以用来访问计数器当前值,也可以用来表示计数器位的状态。增/减计数器指令举例,如图 3.1.15 所示。

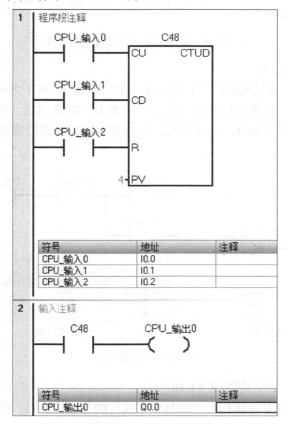

图 3.1.15　增/减计数器指令举例

增/减计数器指令举例时序图如图 3.1.16 所示。其中,I0.0:加计数;I0.1:减计数;I0.2:

将当前值复位为 0。当前值大于或等于 4 时,加/减计数计数器 C48 接通 C48 位,Q0.0 接通。其他指令如循环、移位、比较与数据传送指令、数据转换指令、实时时钟指令、浮点与逻辑运算、程序跳转、中断与子程序等高阶指令在后续专业学习过程中会深入接触。

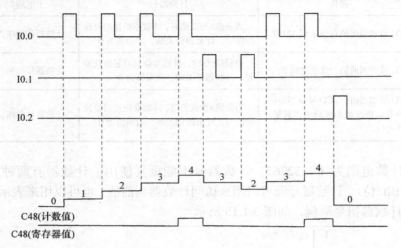

图 3.1.16　增/减计数器指令举例时序图

4. 常见语句结构与错误

常见结构:自锁,其结构如图 3.1.17 所示。其中,I0.0、I0.1 为两个按键/按钮(输入),Q0.0 为指示灯(输出)。如图 3.1.17(a)所示,按下 I0.0,Q0.0 点亮;松开 I0.0,Q0.0 灭掉。如图 3.1.17(b)所示,按下 I0.0,Q0.0 点亮;松开 I0.0,Q0.0 保持常亮;按下 I0.1,则 Q0.0灭掉。

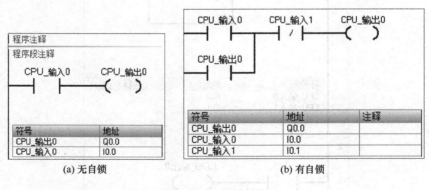

图 3.1.17　自锁结构

常见错误:覆盖,其结构如图 3.1.18 所示。

PLC S7-200 SMART 在执行程序时是顺序执行的(从上往下),每执行完一个网络就会刷新一次寄存器的值。如图 3.1.18 所示,程序中本意应该是按下 I0.0,Q0.0 点亮;按下 I0.1,Q0.0 也会点亮。但是实际执行的功能是按下 I0.0,Q0.0 不亮,按下 I0.1,Q0.0 点亮。为什么呢?怎么修改呢?

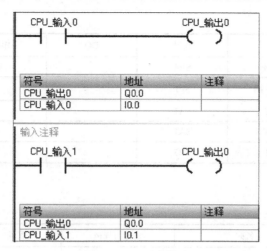

图 3.1.18　覆盖错误

5. PLC 的 I/O 端子分配表(表 3.1.6)

表 3.1.6　PLC 的 I/O 端子分配表

DI	作用	代号	DO	作用	代号
I0.0	编码器 A 相	UA1	Q0.0	料仓电机	M2
I0.1	编码器 B 相	UA1	Q0.1	回转气缸	YV1
I0.2	摆臂右限位	SP3	Q0.2	伸缩气缸	YV2
I0.3	气缸伸出限位	SP4	Q0.3	升降气缸	YV3
I0.4	气缸收回限位	SP5	Q0.4	气动手抓	YV4
I0.5	上升限位	SP6	Q0.5	1 仓气缸	YV5
I0.6	下降限位	SP7	Q0.6	2 仓气缸	YV6
I0.7	工件夹持检测	SP8	Q0.7	3 仓气缸	YV7
I1.0	金属工件检测	SP9	Q1.0	红灯	YV8
I1.1	1 仓送复位	SP10	Q1.1	黄灯	HL2
I1.2	白色工件检测	SP11	Q1.2	绿灯	HL2
I1.3	2 仓推送复位	SP12			
I1.4	其他工件检测	SP13			
I1.5	3 仓推送复位	SP14			
I1.6	工件检测	SP15			
I1.7	摆臂左限位	SP2			
I2.0	ST	SB1			
I2.1	STP	SB2			
I2.2	RES1	SB3			

续表

DI	作用	代号	DO	作用	代号
I2.3	STOP	SB4			
I2.4	料仓检测	SP1			
I2.5	STE	SA1			
I2.6	AUT	SA1			
I2.7	RST	SB5			

三、实训器材

序号	名称	型号与规格	数量	备注
1	机电一体化组合实验实训平台	THJDJX-1 型	1	
2	计算机	标准配置	1	
3	气泵	LB: 0.017/8	1	
4	导线		若干	

四、实训内容及步骤

1. 学习 S7-200 SMART 编程软件使用方法

打开 STEP7 Micro/WIN SMART 软件，关于 PLC 与编译环境的通信连接与系统块设置已经准备妥当，同学们只需要创建自己的程序即可。

单击"新建"按钮，其界面如图 3.1.19 所示。界面左侧分为项目区与指令区，在项目区中执行"程序块"→"主程序"命令，即可进入程序编辑窗口。添加指令时只需要从指令区中选择(或双击)拖入梯形图，然后添加指令位即可。在主界面的上方有快捷指令，自己在操作过程中注意观察与使用。

程序编辑完成后，执行"PLC"→"编译"命令，对程序进行编译，窗口会显示编译结果，如果编译没有错误，则打开 PLC 电源，单击"下载"按钮，将程序下载至 PLC 硬件中。

程序下载完成后，单击"运行"按钮，PLC 开始执行程序，输出结果。

2. 编写程序实现跑马灯功能

操作要求(A)：编写程序控制三色灯顺序点亮，循环运行，停止，急停。

(1)按下 ST(启动)按钮开始运行。

(2)红、黄、绿灯依次点亮，间隔时间为 0.5s。

按下 ST 按钮，红灯立即亮，延时 0.5s 后，红灯灭、黄灯亮；再延时 0.5s 后，黄灯灭、绿灯亮；然后进行下一个循环。

(3)按下 STP 按钮停止运行，所有灯熄灭；再次按下 ST 按钮，流水灯重新开始循环。

(4)将上面的程序编译后下载至 PLC，单击"运行"按钮，观察物料分拣系统的三色指

图 3.1.19　STEP7 Micro/WIN SMART 软件界面

示灯变化，调试程序时，使用程序状态监控功能。

扩展内容：（基本任务完成后再做）

（1）在实现上述跑马灯单向循环和停止功能的基础上，按下 STOP（急停）按钮，流水灯停在当前亮灯状态，不再流水点亮；之后按下 STP 按钮，所有灯熄灭；解除 STOP 按钮急停状态，再次按下 ST 按钮，流水灯重新开始循环（不考虑定时器，可重新延时一次）。

（2）在实现上述跑马灯单向循环、停止和急停功能的基础上，实现三色灯的正、反向循环亮灯功能：先红、黄、绿灯顺序依次亮灯，接下来绿、黄、红反向依次亮灯。

（3）用计数器记录程序循环次数。

操作要求（B）：编写程序控制三色灯顺序点亮，循环运行，停止，急停。

（1）按下 ST 按钮开始运行。

（2）红、黄、绿灯依次点亮，间隔时间为 0.5s。

即按下 ST 按钮，红灯立即亮，延时 0.5s 后，红灯灭、黄灯亮；再延时 0.5s 后，黄灯灭、绿灯亮；然后进行下一个循环。

（3）按下 STP 按钮停止运行，所有灯熄灭；再次按下 ST 按钮，流水灯重新开始循环。

（4）将上面的程序编译后下载至 PLC，单击"运行"按钮，观察物料分拣系统的三色指示灯变化，调试程序时，使用程序状态监控功能。

扩展内容：（基本任务完成后再做）

在实现上述跑马灯单向循环和停止功能的基础上，按下 STOP 按钮，流水灯停在当前亮灯状态，不再流水点亮；之后按下 STP 按钮，所有灯熄灭；解除 STOP 按钮急停状态，再次按下 ST 按钮，流水灯重新开始循环（不考虑定时器，可重新延时一次）。

编程思路一：面向过程，顺序编程（图 3.1.20）。

（1）I2.0，T37 初值为 0。

（2）I2.1 初值为 1。

（3）按下 I2.0：Q1.0 值为 1。

（4）M0.0 形成自锁。

（5）T37 从按下 I2.0 开始延时 0.1s。

（6）T38 初值为 0。

（7）Q1.1 延时 0.1s 后置位。

（8）T38 从 T37 为 1 开始延时 0.1s。

（9）I2.1 为 0 时：M0.0 的自锁解除；M0.0=0，T37=0，T38=0。

省略部分程序，请补充完整，实现任务要求。

编程思路二：面向过程，顺序编程（图 3.1.21）。

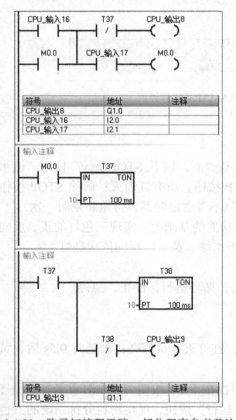

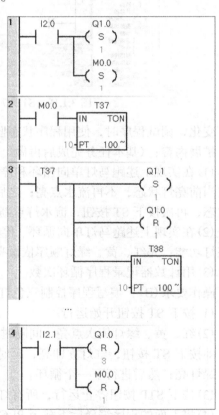

图 3.1.20　跑马灯编程思路一部分程序参考及注释　　图 3.1.21　跑马灯编程思路二部分程序参考及注释

（1）I2.0、Q1.0、M0.0 初值为 0。

（2）按下 I2.0：Q1.0，M0.0 值为 1。

（3）T37 从按下 I2.0 开始延时 0.1s。

（4）T38 初值为 0。

（5）Q1.1 延时 0.1s 后置位。

（6）Q1.0 延时 0.1s 后复位。

（7）T38 从 T37 为 1 开始延时 0.1s。

省略部分程序，请补充完整，实现任务要求。

（8）I2.1 初值为 1。

（9）I2.1 为 0 时，Q1.0～Q1.2=0，M0.0=0。

编程思路三：利用计数器进行循环次数统计（图 3.1.22）。

五、注意事项及规范

（1）实训接线前必须先断开总电源，接线完毕，检查无误后，才可通电，严禁随意通电。

（2）严禁带电插拔。

（3）运行过程中，不得人为干预执行机构，以免影响设备正常运行。

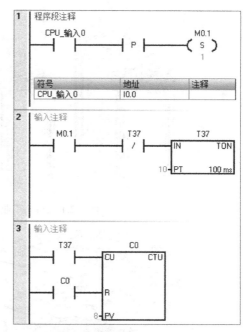

图 3.1.22　跑马灯编程思路三循环计数部分参考程序

实训 3.2　回转搅拌供料单元控制

一、实训目的

（1）了解回转搅拌供料单元结构及其工作原理。

（2）了解光电传感器的工作原理。

（3）掌握供料单元电控编程设计与调试流程。

二、实训原理及装置

1. 货物自动分拣系统简介

本实验采用的是 ATT 工业自动化教学实训系统，该系统真实地再现了工业现场自动化生产线的仓储、搬运、分拣的生产全过程，由回转搅拌供料单元、回转搬运单元、材料分拣单元三个模块站构成，如图 3.2.1 所示。每个单元既可单独使用也可与其他站组合成 2 站、3 站模式使用。

2. 回转搅拌供料单元

回转搅拌供料单元机械部分主要包括供料盘、搅拌舌、检测开关支架；电气部分主要包括直流电机、光电传感器，如图 3.2.2 所示。在触摸屏上按启动按钮或按下 ST 按钮后，由 PLC 启动送料电机驱动放料盘旋转，物料由送料盘滑到物料检测位置，漫反射光电传感器检测物料是否到达指定位置；如果送料电机运行若干秒钟后，物料检测光电传感器仍未检测到物料，则说明送料机构已经无物料或故障，会自动报警。

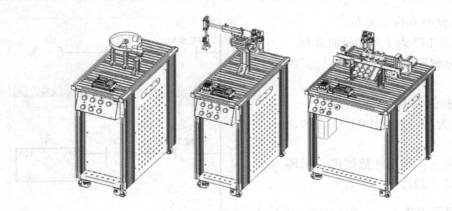

图 3.2.1　ATT 工业自动化教学实训系统

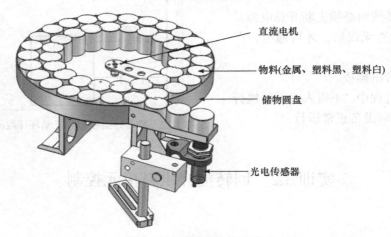

图 3.2.2　回转搅拌供料单元

　　光电传感器：光电传感器又称光电开关，将输入电流在发射器上转换为光信号射出，接收器再根据接收到的光线的强弱或有无对目标物体进行探测。所有能反射光线（或者对光线有遮挡作用）的物体均可以被检测，其工作原理示意图如图 3.2.3 所示。

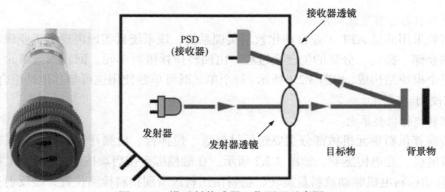

图 3.2.3　漫反射传感器工作原理示意图

3. PLC 子例程

当 PLC 主程序任务较多，且各任务逻辑功能相对独立时，可以在主程序中嵌套调用子例程（子例程中也可调用其他子例程），最大嵌套深度为 8。在中断例程中，可嵌套的子例程深度为 4。

1）子例程的作用

（1）相同任务，只需调用子程序，无须在主程序中重复编写。

（2）程序结构清晰简单，增强整个程序的可读性。

（3）易于程序调试、扩展和维护。

2）子例程的创建过程

（1）子例程 SBR_0 由编程软件自动生成；单击 SBR_0 标签，即可进入该子程序编辑。

（2）添加子例程：选择"插入"→"子程序"菜单项，如图 3.2.4 所示。

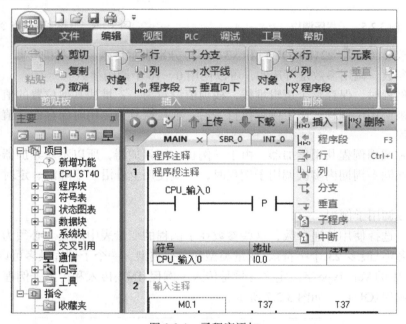

图 3.2.4　子程序添加

（3）修改子程序名称：在子程序标签处右击，选择"属性"选项，在弹出对话框中可修改子程序名称。

（4）子程序调用：选中需要调用子程序的程序标签，如 MAIN 程序，在 STEP7 指令列表中找到"调用子例程"选项，展开后可以看到里面有已定义的子程序，将其拖入 MAIN 程序编辑界面内，如图 3.2.5 所示。若 MAIN 程序中 M0.1 为 1，则图中的子程序"机械手"开始执行，子程序执行结束后，返回到 MAIN 中接着执行下一条指令。

3）子例程调用指令

子例程调用指令将程序控制权转交给子例程 SBR_n。可以使用带参数或不带参数的子例程调用指令，如图 3.2.6 所示。子例程执行完后，控制权返回给子例程调用指令后的下一条指令。

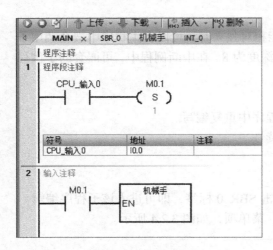

图 3.2.5　子程序调用

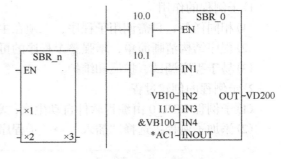

图 3.2.6　子程序调用指令

调用参数 x1（IN）、x2（IN_OUT）和 x3（OUT）分别表示传入、传入和传出、传出子例程的三个调用参数。调用参数是可选的，可以使用 0～16 个调用参数。

调用子例程时，保存整个逻辑堆栈，栈顶值设置为一，堆栈其他位置的值设置为零，控制权交给被调用子例程。该子例程执行完后，堆栈恢复为调用时保存的数值，控制权返回给调用例程。

子例程和调用例程共用累加器。由于子例程使用累加器，所以不对累加器执行保存或恢复操作。在同一周期内多次调用子例程时，不应使用上升沿、下降沿、定时器和计数器指令。

4）带参数调用子例程

子例程可选择使用传递参数，这些参数在子例程的变量表中定义。必须为每个参数分配局部符号名称（最多 23 个字符）、变量类型和数据类型。一个子例程最多可以传递 16 个参数。变量表中的 **Var_Type** 字段定义变量是传入子例程（IN）、传入和传出子例程（IN_OUT），还是传出子例程（OUT），如图 3.2.7 所示。

	地址	符号	变量类型	数据类型
1		EN	IN	BOOL
2	LW0	Lv1	IN	INT
3	LW2	Offset	IN	INT
4	LW4	Hset	IN	INT
5			IN_OUT	
6	LW6	Result	OUT	INT
7	L8.0	Valve	OUT	BOOL
8			OUT	
9			TEMP	

图 3.2.7　子程序参数配置

要添加新参数行，可将光标置于要添加变量类型 IN、IN_OUT、OUT 或 TEMP 的 Var_Type 字段上。右击打开选择菜单。选择 Insert(插入)选项，然后选择 Row Below(下一行)选项。所选类型的另一个参数行将出现在当前条目下方。可在变量表中分配临时(TEMP)参数来存储只在子例程执行过程中有效的数据。局部 TEMP 数据不会作为调用参数进行传递。也可在主例程和中断例程中分配 TEMP 参数，但只有子例程可以使用 IN、IN_OUT 和 OUT 调用参数，参数类型说明如表 3.2.1 所示。

表 3.2.1　子例程的变量表参数类型

参数	说明
IN	参数传入子例程。如果参数是直接地址(如 VB10)，则指定位置的值传入子例程。如果参数是间接地址(如 *AC1)，则指针指代位置的值传入子例程。如果参数是数据常数(16#1234)或地址(&VB100)，则常数或地址值传入子例程
IN_OUT	指定参数位置的值传入子例程，子例程的结果值返回至同一位置。常数(如 16#1234)和地址(&VB100)不允许用作输入/输出参数
OUT	子例程的结果值返回至指定参数位置。常数(如 16#1234)和地址(如&VB100)不允许用作输出参数。由于输出参数并不保留子例程最后一次执行时分配给它的值，所以每次调用子例程时必须给输出参数分配值
TEMP	没有用于传递参数的任何局部存储器都可在子例程中作为临时存储单元使用

三、实训器材

序号	名称	型号与规格	数量	备注
1	可编程逻辑控制器	S7-200 系列	1	
2	计算机	标准配置	1	
3	导线		若干	

四、实训内容及步骤

实验设备可分为回转搅拌供料单元、机械手搬运单元、传送带分拣单元以及触摸屏监控单元，每个单元的控制任务可以单独作为一个子程序，在最后的综合控制实验中，主程序分别调用相应单元的子程序，程序结构清晰，互不干扰，便于调试。因此从本次实训开始，建议同学们采用子程序调用方式进行编程。

操作要求(A)：编程实现回转搅拌供料单元的下列功能。

(1)按下 ST(启动)按钮，料盘驱动电机启动，料盘开始旋转，此时绿色指示灯点亮，表示装置正常运行。

(2)旋转过程中，物料由料盘滑到物料检测位置，当光电传感器检测到物料到达后，电机停止转动，此时绿色灯闪烁(亮 0.5s，灭 0.5s)，表示待机，等待物料被取走。

(3)取走物料，则电机恢复旋转，绿色灯恢复常亮，如此循环下去。

(4)装置运行过程中，按下 STP 按钮，电机停止工作，红色灯点亮，其他信号灯熄灭。

　　(5)装置运行过程中，如果料盘驱动电机运行 30s 后，光电传感器仍未检测到物料，则说明送料机构已经无物料或故障，电机停止工作，黄色灯闪烁报警(亮 0.5s，灭 0.5s)，其他信号灯熄灭。(注意：黄灯闪烁状态代表非正常状态，此时若光电传感器又检测到物料，该状态不应自动消除，该状态下系统应只响应 STP 停止信号，即按下 STP 按钮后，系统恢复正常停止状态，红灯常亮，电机停止；之后再按下 ST 按钮，系统重新启动运行)

　　扩展内容：(基本任务完成后再做)

　　装置运行过程中，按下 STOP(急停)按钮，电机停止工作，红色灯闪烁，其他信号灯熄灭。(注意：急停状态下，系统不响应系统任何输入信号，即按下 ST 或者 STP 按钮或者令传感器状态变化时系统均无响应。当解除急停状态后，系统恢复正常停止状态，红灯常亮，电机处于停止状态；此时按下 ST 按钮，系统重新启动运行。)

　　操作要求(B)：编程实现回转搅拌供料单元的下列功能。

　　(1)按下 ST 按钮，料盘驱动电机启动，料盘开始旋转，此时绿色指示灯点亮，表示装置正常运行。

　　(2)旋转过程中，物料由料盘滑到物料检测位置，当光电传感器检测到物料到达后，电机停止转动，等待物料被取走。

　　(3)取走物料，则电机恢复旋转，如此循环下去。

　　(4)装置运行过程中，按下 STP 按钮，电机停止工作，红色灯点亮，其他信号灯熄灭。

　　(5)装置运行过程中，如果料盘驱动电机运行 15s 后，光电传感器仍未检测到物料，则说明送料机构已经无物料或故障，电机停止工作，黄色灯亮，其他灯灭。(注意：黄灯闪烁状态代表非正常状态，此时若光电传感器又检测到物料，该状态不应自动消除，该状态下系统应只响应 STP 停止信号，即按下 STP 按钮后，系统恢复正常停止状态，红灯常亮，电机停止；之后再按下 ST 按钮，系统重新启动运行。)

　　扩展内容：(基本任务完成后再做)

　　装置运行过程中，按下 STOP 按钮，电机停止工作，红色灯闪烁，其他信号灯熄灭。(注意：急停状态下，系统不响应系统任何输入信号，即按下 ST 或者 STP 按钮或者令传感器状态变化时系统均无响应。当解除急停状态后，系统恢复正常停止状态，红灯常亮，电机处于停止状态；此时按下 ST 按钮，系统重新启动运行。)

　　注：程序完成后按照编译→下载→运行的方式进行。

　　实训调试流程及常见问题说明：

　　请将写完的程序复制到自己的 U 盘里，以备下次使用。

五、注意事项及规范

　　(1)请务必在切断电源后进行安装、接线等操作，以避免发生事故。

　　(2)在进行配线时，请勿将配线屑或导电物落入可编程控制器内。

　　(3)请勿将异常电压接入 PLC 电源输入端，以免损坏 PLC。

　　(4)请勿将 AC 电源接于 PLC 输入/输出端子上，以免烧坏 PLC，仔细检查接线是否有误。

　　(5)当 PLC 通电或正在运行时，请勿打开变频器前盖板，否则危险。

(6)在插、拔通信电缆时，请务必确认 PLC 的电源处于断开状态。

实训 3.3　机械手的控制

一、实训目的

(1)了解气动方向、速度、顺序等控制回路。

(2)了解气动机械手机械结构。

(3)掌握机械手的气动控制回路与方法。

(4)掌握机械手与回转搅拌单元协同工作方法。

二、实训原理及装置

(一)机械手机械结构及其控制原理

气缸是气压传动中将压缩气体的压力能转换为机械能的气动执行元件。气缸有做往复直线运动的和做往复摆动的两类。做往复直线运动的气缸又可分为单作用、双作用、膜片式和冲击气缸四种。

(1)单作用气缸：仅一端有活塞杆，气体从活塞一侧进入产生气压，气压推动活塞运动，活塞靠弹簧或自重返回。

(2)双作用气缸：从活塞两侧交替供气，在一个或两个方向输出力。

(3)膜片式气缸：用膜片代替活塞，只在一个方向输出力，用弹簧复位。它的密封性能好，但行程短。

(4)冲击气缸：这是一种新型元件。它把压缩气体的压力能转换为活塞高速(10～20m/s)运动的动能，借以做功。冲击气缸增加了带有喷口和泄流口的中盖。中盖和活塞把气缸分成储气腔、头腔和尾腔三室。它广泛用于下料、冲孔、破碎和成型等多种作业。做往复摆动的气缸称摆动气缸，由叶片将内腔分隔为二，向两腔交替供气，输出轴摆动，摆动角小于 280°。此外，还有回转气缸、气液阻尼缸和步进气缸等。

气缸的作用是将压缩空气的压力能转换为机械能，驱动机构做直线往复运动、摆动和旋转运动。

本装置使用的机械手机械结构如图 3.3.1 所示，由四个气缸组成，分别为旋转气缸、伸缩气缸、升降气缸和气动手爪。

整个搬运机构能完成四个自由度动作：手臂伸缩、手臂旋转、手爪上下、手爪紧松。当物料检测光电传感器检测到有物料时，料盘停止旋转，将给 PLC 发出信号，由 PLC 驱动机械手臂伸出手爪，手爪下降抓物，然后手爪提升臂缩回，手臂向右旋转到右限位，手臂伸出，手爪下降，将工件放到传送带上。机械手上的器件名称及其作用如表 3.3.1 所示。

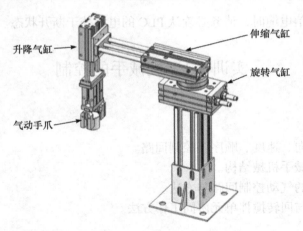

升降气缸　　气动手爪　　伸缩气缸　　旋转气缸

图 3.3.1　机械手结构图

表 3.3.1　机械手上的器件名称及其作用

名称	作用
手爪提升气缸	提升气缸采用双向电控气阀控制，气缸伸出或缩回可任意定位
磁性传感器	检测手爪提升气缸处于伸出或缩回位置。（接线时，注意棕色接"+"、蓝色接"–"）
手爪	抓取物料由单向电控气阀控制，当单向电控气阀得电，手爪夹紧磁性传感器有信号输出，指示灯亮，单控气阀断电，手爪松开
旋转气缸	机械手臂的正反转，由双向电控气阀控制
接近传感器	机械手臂正转和反转到位后，接近传感器信号输出。（接线时，注意棕色接"+"、蓝色接"–"、黑色接输出）
三杆气缸	机械手臂伸出、缩回，由双向电控气阀控制。气缸上装有两个磁性传感器，检测气缸伸出或缩回位置。（接线时，注意棕色接"+"、蓝色接"–"）
调速阀	调节旋转气缸的转动速度和力度，同时也可调节提升气缸的伸缩速度和力度
缓冲器	旋转气缸高速正转和反转到位时，起缓冲作用

1. 旋转气缸

旋转气缸，又称摆台气缸，是利用压缩空气驱动输出轴在一定角度范围内做往复回转运动的气动执行元件，如图 3.3.2 所示，旋转气缸从左边起点，旋转 180°后，到右边终点，做左右 180°往复回转运动。用于物体的转拉、翻转、分类、夹紧、阀门的开闭以及机器人的手臂动作等。MSQB 系列摆台的特点如下：

（1）摆台与摆动气缸一体化。

（2）带角度调节机构，摆动角度为 0°～180°。

图 3.3.2　旋转气缸结构图

(3)安装负载和本体时容易找正。

(4)可选择缓冲器内置型或带外部缓冲器。

旋转气缸旋转角度调节方法如图 3.3.3 所示,从 A 口加压,摆台顺时针回转,从 B 口加压,摆台则逆时针回转。通过对调整螺钉的调整,在图范围内设定回转端,可得到任意的摆动角度。带内部液压缓冲器的场合,同样也可设定摆动角度。

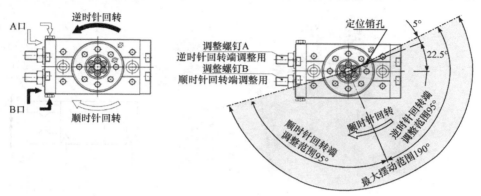

图 3.3.3 旋转气缸旋转角度调节

2. 三轴导杆气缸

伸缩气缸、升降气缸都采用三轴导杆气缸,其结构如图 3.3.4 所示,导杆气缸是一种利用压缩空气驱动机构做直线往复运动的气动执行元件。本装置采用的是双作用标准气缸,结构如图 3.3.4 所示。伸缩气缸从右边起点伸出,到左边终点位置,做左右直线往复运动。升降气缸从上边起点下降到下面终点位置,做上下直线往复运动。

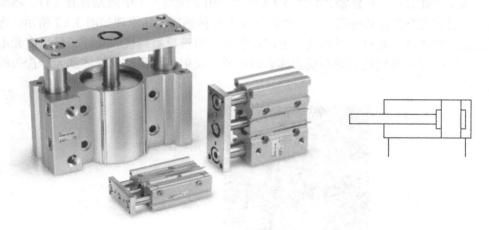

图 3.3.4 三轴导杆气缸结构图

三轴导杆是引导活塞在缸内进行直线往复运动的圆筒形金属机件。空气在发动机气缸中通过膨胀将热能转化为机械能;气体在压缩机气缸中接受活塞压缩而提高压力。其特点如下:

(1)导杆缩短且前端板厚度变更,质量最多减小 24%。

(2)省空间:导杆最多缩短 22mm,减少气缸安装时的避让加工量。

（3）圆形磁性开关、耐强磁磁性开关可直接安装，无需隔板。

3. 气动夹手

气动手指又名气动夹爪或气动夹指，是利用压缩空气作为动力，用来夹取或抓取工件的执行装置，是现代气动机械手中一个重要部件。气动手指的主要类型有平行手指气缸、摆动手指气缸、旋转手指气缸和三点手指气缸等。本装置采用的气动夹手结构如图 3.3.5 所示。

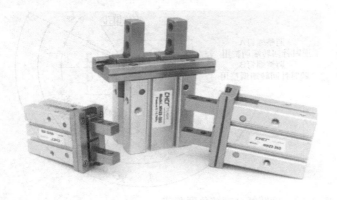
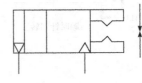

图 3.3.5　气动夹手结构图

4. 传感器

机械手单元采用的传感器包含机械爪内的光纤传感器，旋转气缸、三轴导杆气缸外的磁性开关。

1）光纤传感器

气动夹手处有一个传感器，如图 3.3.6 所示，用于检测夹手中间是否有工件。本装置采用的是反射式光纤位移传感器，是一种传输型光纤传感器，其原理如图 3.3.7 所示。光从光源耦合到光源光纤，通过光纤传输，射向反射面，再被反射到接收光纤，最后由光电转换器接收，转换器接收到的光源与反射体表面性质、反射体材质及反射体到光纤探头的距离有关。

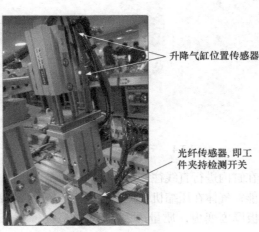

升降气缸位置传感器

光纤传感器，即工件夹持检测开关

图 3.3.6　光纤传感器位置

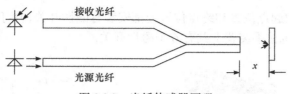

图 3.3.7　光纤传感器原理

当反射表面位置确定后，接收到的反射光光强随光纤探头到反射体的距离的变化而变化。本装置有金属工件、塑料白和塑料黑三种工件，这三种工件对光的反射作用不同，光反射强度由大到小依次为塑料白>金属>塑料黑。

本装置上有光纤传感器的信号调理电路，如图 3.3.8 所示，传感器检测到工件：输出高电平，红灯及绿灯亮（只亮红灯，绿灯不亮，代表接收的反射信号很微弱）；传感器未检测到工件：输出低电平，红灯及绿灯灭。实验过程中，通过观察传感器指示灯来辨别传感器是否正常工作。如果夹手间放入所有种类的工件，传感器都检测不到，指示灯也不亮，可调节传感器灵敏度。

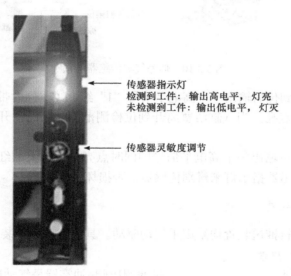

图 3.3.8　光纤传感器信号调理电路

2) 磁性开关

磁性开关是用来检测气缸活塞位置的，即检测活塞的运动行程。它可分为有触点式和无触点式两种。本装置上用的均为带指示灯的有触点式磁性开关，如图 3.3.9 所示。它是通过机械触点的动作进行电路开路、断路、使电流中断或使其流到其他电路的开关，即影响开关的通（ON）断（OFF）。磁性传感器接线时注意蓝色接"−"，棕色接"+"。

气缸为气动执行部件，如图 3.3.10 所示，气缸上带有磁性传感器，用于带磁环气缸的位置检测。旋转气缸、伸缩气缸、升降气缸分别有两个极限位置；旋转气缸从左边起点，旋转 180°后，到右边终点，做左右 180°往复回转运动。伸缩气缸从右边起点伸出，到左边终点位置，做左右直线往复运动。升降气缸从上边起点下降到下面终点位置，做上下直线往复运动。三个气缸的起点位置和终点位置处都安装有磁性开关,用于检测气缸导杆(活塞)是否运动到位。所以机械手装置上共有 6 个磁性开关。

图 3.3.9　磁性开关

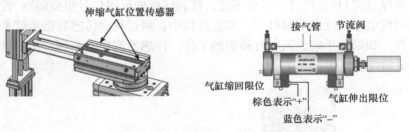

图 3.3.10　伸缩气缸传感器位置

当气缸活塞准确到位后输出一个高电平信号"1"给 PLC,同时带指示灯的有触点式磁性开关的红色指示灯点亮。当气缸活塞离开到位检测范围时,磁性开关输出一个低电平信号"0"给 PLC。

气缸活塞准确到位输出一个高电平信号的同时点亮传感器上的红色指示灯,所以实验过程中可通过观察传感器指示灯来辨别传感器是否损坏。

(二)气动回路及装置

机械手执行及物料推送装置均采用了气动驱动。具体气动回路装置及原理如下。

1. 空气调压阀工作原理

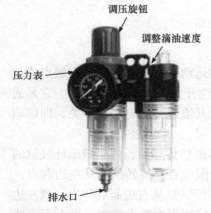

图 3.3.11　过滤调压阀+油雾器

过滤调压阀+油雾器是气动回路的二联件,是多数气动系统中不可缺少的气源装置,安装在用气设备近处,是压缩空气质量的最后保证,如图 3.3.11 所示。过滤器用于对气源的清洁,可过滤压缩空气中的水分,避免水分随气体进入装置。油雾器将油雾化后和气体一起在管路中起到润滑设备的作用(如气动活塞),油雾器可对机体运动部件进行润滑,可以对不方便加润滑油的部件进行润滑,大大延长机体的使用寿命。

气动调压阀可在所有气压系统中把原先的压力调节到适宜的操作压力。需注意的是,操作压力与实际的工作压力(较低)不同。此外,在各种气压控制中,皆出现或多或少的压力波动。如果空气压力太高，将产生能的损失及增加磨损；太低的空气压力则可能造成动力不足，因此可造成不良效率，亦不合经济要求。因此必须使用气动调压阀调整所需压力。

过滤调压阀的使用方法：

(1)在旋转调压旋钮前请先拉起再旋转，压下调压旋钮为定位。

(2)调压旋钮向右旋转为调高出口压力，向左旋转为调低出口压力。

(3)调试压力，应逐步均匀地调至所需压力值，不应一步调节定位。

(4)手动排水，当水位达到滤芯座下方水平之前必须排出。

2. 可调单向节流阀

可调单向节流阀由单向阀和可调节流阀组成，单向阀在一个方向上可以阻止压缩空气流动，此时，压缩空气经可调节流阀流出，调节螺钉可以调节节流面积。在相反方向上，压缩空气经单向阀流出。可调单向节流阀如图 3.3.12 所示。

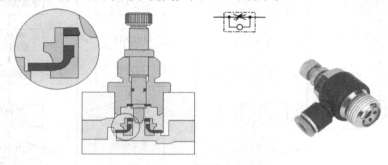

图 3.3.12 可调单向节流阀

3. 电磁阀

两位五通电磁阀具有 1 个进气孔(接进气气源)、1 个正动作出气孔和 1 个反动作出气孔(分别提供给目标设备的一正一反动作的气源)、1 个正动作排气孔和 1 个反动作排气孔(安装消声器)。两位五通电控电磁阀动作原理：线圈通电，则正动作气路接通(正动作出气孔有气)，线圈断电，电磁阀内部滑块靠弹簧作用力复位，则负动作气路接通(负动作出气孔有气)。电磁阀安装在阀导上，如图 3.3.13 所示。

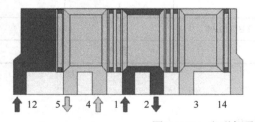

↑12 5↓ 4↑ 1↑ 2↓ 3 14

图 3.3.13 电磁阀及其汇流排

4. 手滑阀

手滑阀是一种二位三通手动滑阀,常接在管道中用作气源开关,当气源关闭的同时,气动系统中的气压即排空。如图 3.3.14 所示，本装置的手滑阀可左右滑动；滑到右边，则将空气调压阀联通到储气罐，即气路处于连通状态；滑到左边，则断开空气调压阀和

图 3.3.14　手滑阀结构图

储气罐，即断开气路。

（三）机械手工作流程

机械手的控制流程如图 3.3.15 所示。其中，SP 代表传感器信号，YV 代表气缸动作信号。

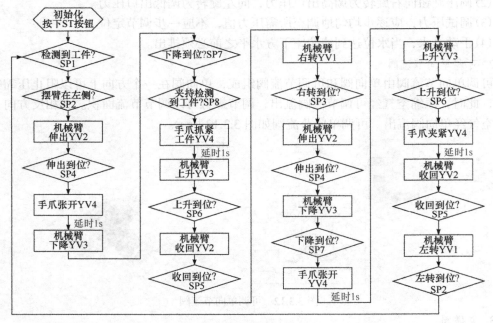

图 3.3.15　机械手工作流程

三、实训器材

序号	名称	型号与规格	数量	备注
1	光机电一体化设备		1	
2	计算机		1	
3	气泵	LB:0.017/8	1	
4	导线		若干	

四、实训内容及步骤

1. 编写程序控制机械手的抓取、运送、往返动作

（1）按下 ST（启动）按钮，绿灯常亮，机械手按照图 3.3.15 所示的流程动作，完成物料从供料单元到传送带的往返动作，可反复循环。

（2）运行过程中，按下 STP（停止）按钮，红灯常亮，机械手中抓有货物，则按正常流程将货物转移至传送带上，然后回到初始位置停下；此时供料单元若有物料待抓取也不响应，再次按下 ST 按钮，系统重新运行。

扩展内容：（基本任务完成后再做）

(1)按下 STP 按钮，区分机械手中是否有货物，若没有货物，则按流程原路返回到初始位置停下；若有货物，则按正常流程将货物转移至传送带上，然后回到初始位置停下。

(2)运行过程中，按下 STOP（急停）按钮，红灯闪烁，机械手立刻停在当前位置，不再进行下一步动作。（注意：急停状态下，机械手仅响应 STP 停止信号，按下 STP 按钮后，机械手按要求流程正常回到初始位置，恢复常规停止状态；此时可手动解除 STOP 急停状态，之后按下 ST 按钮，机械手重新启动运行。）

2. 编写程序控制机械手的抓取、运送、往返动作

按下 ST 按钮，绿灯常亮，机械手按照图 3.3.2 所示的流程动作，完成物料从供料单元到传送带的往返动作，可反复循环。

扩展内容：（基本任务完成后再做）

(1)运行过程中，按下 STP 按钮，红灯常亮，若机械手中抓有货物，则按正常流程将货物转移至传送带上，然后回到初始位置停下；若机械手中没有货物，则按流程原路返回到初始位置停下；此时供料单元若有物料待抓取也不响应，再次按下 ST 按钮，系统重新运行。

(2)运行过程中，按下 STOP 按钮，红灯闪烁，机械手立刻停在当前位置，不再进行下一步动作。（注意：急停状态下，机械手仅响应 STP 停止信号，按下 STP 按钮后，机械手按要求流程正常回到初始位置，恢复常规停止状态；此时可手动解除 STOP 急停状态，之后按下 ST 按钮，机械手重新启动运行。）

请将写完的程序复制到自己的 U 盘里，以备下次使用。

调试机械手控制程序之前，应先检查气泵的工作气压是否正常。机械手控制的调试过程容易出现机械部件安装位置不匹配、气缸速度不佳、限位传感器失效、机械手误动等问题。

(1)安装位置调整。第一站的出料口物料正常情况应位于第二站机械手左摆位极限机械臂伸出状态工位的正下方。如果不对，可用螺丝刀等工具进行机械位置调整。

(2)气缸速度调节。机械手运动过程中如果出现驱动力过大或过小，可检查和调节气动回路的气压大小。

(3)机械手中的限位传感器状态检查。机械手的限位开关及工件夹持检测开关在工作状态时会有相应的指示灯指示。调试时注意查看指示灯状态是否正常。

部分参考程序如图 3.3.16 所示。

思考为什么伸缩气缸前面需要加很多限制条件？

五、注意事项及规范

(1)实训接线前必须先断开总电源，接线完毕，检查无误后，才可通电，严禁随意通电。

(2)严禁带电插拔。

(3)机械手在动作过程中请注意安全，勿将身体任何部位置于机械手的运动空间之内，防止被机械手打伤。

(4)驱动气压正常工作在 0.3～0.8MPa。

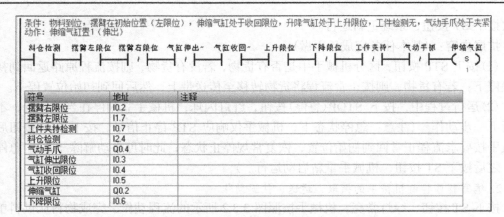

图 3.3.16　机械手动作部分参考程序

实训 3.4　电机与传送带控制

一、实训目的

(1) 了解变频器对电机的方向、速度的控制原理。

(2) 掌握电机正反转及转速控制方法。

(3) 了解多传感器工作原理。

(4) 掌握传送带与三气缸协同工作完成货物分拣的方法。

二、实训原理及装置

(一) 变频器控制, 电机调速, 正反转

SINAMICS V20——基本型变频器提供三相 400V 和单相 230V 进线两种规格, 分别可覆盖 0.12～3kW, 0.37～15kW 的功率范围。

SINAMICS V20 变频器内置基本操作面板(BOP), 其面板如图 3.4.1 所示。

BOP 面板操作说明如表 3.4.1 所示。

表 3.4.1　BOP 功能操作说明

		停止变频器
◯	单击	OFF1 方式: 电机按参数 P1121 中设置的斜坡下降时间减速停车。 例外情况: 此按钮在变频器处于"自动"运行模式且由外部端子或 RS485 上的 USS/MODBUS 控制(P0700=2 或 P0700=5)时无效
	双击(<2s)或长按(>3s)	OFF2 方式: 电机不采用任何斜坡下降时间, 按惯性自由停车
		启动变频器
▮		若变频器在手动/点动/自动运行模式下启动, 则显示变频器运行图标 ☀。 例外情况: 此按钮在变频器处于"自动"运行模式且由外部端子或 RS485 上的 USS/MODBUS 控制(P0700=2 或 P0700=5)时无效

续表

	多功能按钮	
M	短按(<2s)	进入参数设置菜单或者转至设置菜单的下一显示画面; 就当前所选项重新开始按位编辑; 返回故障代码显示画面; 在按位编辑模式下连按两次即返回编辑前画面
	长按(>2s)	返回状态显示画面; 进入设置菜单
OK	短按(<2s)	在状态显示数值间切换; 进入数值编辑模式或换至下一位; 清除故障; 返回故障代码显示画面
	长按(>2s)	快速编辑参数号或参数值; 访问故障信息数据
M + OK	手动/点动/自动 按下该组合键在不同运行模式间切换。 说明:只有当电机停止运行时才能启用点动模式	
▲	当浏览菜单时,按下该按钮即向上选择当前菜单下可用的显示画面; 当编辑参数值时,按下该按钮增大数值; 当变频器处于"运行"模式时,按下该按钮增大速度; 长按(>2s)该按钮快速向上滚动参数号、参数下标或参数值	
▼	当浏览菜单时,按下该按钮即向下选择当前菜单下可用的显示画面; 当编辑参数值时,按下该按钮减小数值; 当变频器处于"运行"模式时,按下该按钮减小速度; 长按(>2s)该按钮快速向下滚动参数号、参数下标或参数值	
▲ + ▼	使电机反转。按下该组合键一次,启动电机反转。再次按下该组合键,撤销电机反转。变频器上显示反转图标 ⌒ 表明输出速度与设定值相反	

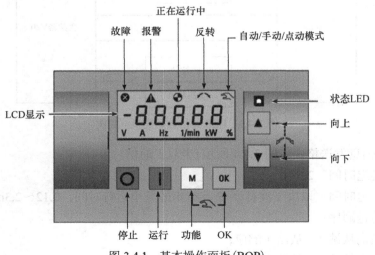

图 3.4.1 基本操作面板(BOP)

（二）变频器与 PLC 通信

SINAMICS V20 可通过 RS485 接口的 USS 协议与西门子 PLC 进行通信。可以通过参数设置为 RS485 接口选择 USS 或者 MODBUS RTU 协议。

USS 为默认总线设置，其工作原理如图 3.4.2 所示，建议使用屏蔽双绞线作为 RS485 通信电缆。必须在位于总线一端的装置的总线端子（P+，N−）之间连接一个 120Ω 的总线终端电阻，在位于总线另一端的装置的总线端子之间连接一个终端网络。终端网络由 10V 与 P+端子间的 1.5kΩ 电阻、P+与 N−端子间的 120Ω 电阻以及 N−与 0V 端子间的 470Ω 电阻组成。配套的终端网络可至西门子经销商处购买。

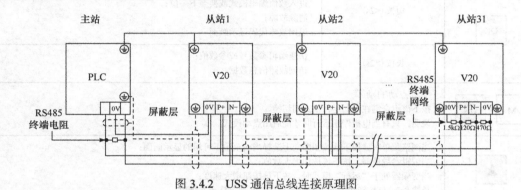

图 3.4.2　USS 通信总线连接原理图

USS 通信数据交换流程如图 3.4.3 所示，一个 PLC（主站）通过串行链路最多可连接 31 个变频器（从站）并通过 USS 串行总线协议对其进行控制。从站只有先经主站发起后才能发送数据，因此各个从站之间不能直接进行信息传送。

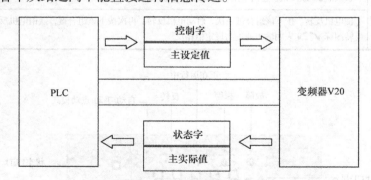

图 3.4.3　USS 通信数据交换流程图

USS 通信消息发送格式如图 3.4.4 所示（半双工通信）。

（1）响应延迟时间：20ms。

（2）开始延迟时间：取决于波特率（2 字符串的最小运行时间：0.12～2.3ms）。

（3）消息传送顺序：

① 主站轮询从站 1，从站 1 响应；

② 主站轮询从站 2，从站 2 响应。

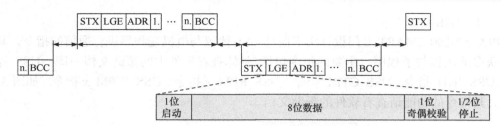

图 3.4.4　USS 通信消息发送格式

(4) 以下固定的成帧字符不可更改:

① 8 个数据位;

② 1 个奇偶校验位;

③ 1 个或 2 个停止位。

USS 消息报文数据说明如表 3.4.2 所示。

表 3.4.2　USS 消息报文数据说明

缩写	含义	长度	注释
STX	正文开始	ASCII 字符	02hex
LGE	报文长度	1 字节	包含报文长度
ADR	地址	1 字节	包含从站地址和报文类型(二进制码)
1.…n.	有用字符	每字符 1 字节	有用数据,其内容与请求相关
BCC	块校验字符	1 字节	数据安全字符

本实验中,材料分拣单元采用 USS 通信协议控制 V20 变频器的运行与停止,从而控制传送带启停。USS 通信时,变频器的参数设定见表 3.4.3。

表 3.4.3　USS 实验——V20 参数表

参数	描述	Cn010 默认值	实际设置	备注
P0010	调试参数过滤器		30	出厂设置
P0970	工厂复位		21	用户默认参数复位
P0003	用户访问等级		3	专家:仅供专家使用
P0700[0]	选择命令源	5	5	RS485 为命令源
P1000[0]	选择频率	5	5	RS485 为速度设定值
P2023	RS485 协议选择	1	1	USS 协议
P2010[0]	USS/MODBUS 波特率	8	6	波特率为 9600bit/s
P2011[0]	USS 地址	1	3	变频器的 USS 地址
P2012[0]	USS PZD 长度	2	2	PZD 部分的字数
P2013[0]	USS PKW 长度	127	127	PKW 部分字数可变
P2014[0]	USS/MODBUS 报文间断时间	500	0	接收数据时间

1. PLC USS 通信指令

PLC S7-200 SMART 专门设计用于通过 USS 协议与电机变频器进行通信的指令，其中包含众多的例程与子程序，主要的指令包括（具体查看软件中的帮助文档→库→USS 库指令）：USS_INIT 指令、USS_CTRL 指令、USS_RPM_x 指令、USS_WPM_x 指令，如图 3.4.5 所示。其指令的功能请查看软件的帮助文档。

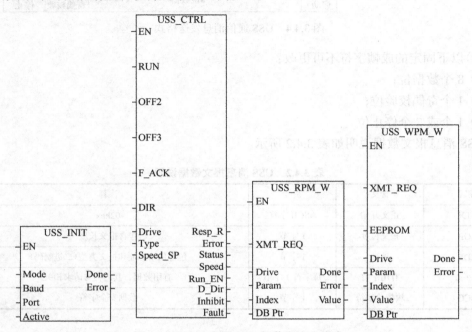

图 3.4.5　PLC 实现 USS 通信的四个指令

使用 PLC 与变频器通信时，应至少包含 USS_INIT 指令与 USS_CTRL 指令。

2. USS_INIT 指令

使用 USS 库指令前必须使用 USS_INIT 指令初始化 USS 通信参数，如图 3.4.6 所示。

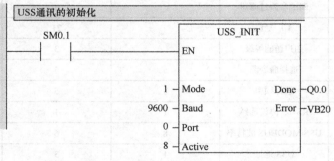

图 3.4.6　USS_INIT 指令参考例程

EN：初始化程序 USS_INIT 只需在程序中执行一个周期就能改变通信口的功能，以及进行其他一些必要的初始设置，因此可使用 SM0.1 或者沿触发的接点调用 USS_INIT 指令。

Mode：模式选择，执行 USS_INIT 时，Mode 的状态决定是否在 Port 上使用 USS 通信功能。

0：将端口分配给 PPI 协议并禁用 USS 协议。

1：将端口分配给 USS 协议并启用该协议。

Baud：USS 通信波特率，此参数要和变频器的参数设置一致。波特率的允许值为 2400bit/s、4800bit/s、9600bit/s、19200bit/s、38400bit/s、57600bit/s 或 115200bit/s。

Port：设置物理通信端口（0=CP 中集成的 RS485，1=可选 CM01 信号板上的 RS485 或 RS232）。

Active：此参数决定网络上的哪些 USS 从站在通信中有效。

Done：初始化完成标志。

Error：初始化错误代码。

3. USS_CTRL 指令

USS_CTRL 指令：变频器控制指令，如图 3.4.7 所示。

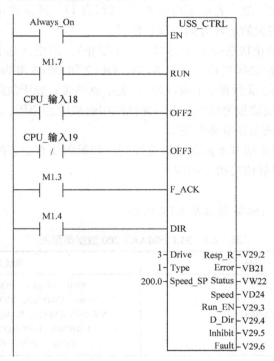

图 3.4.7　USS_CTRL 指令参考例程

EN：使能输入端，用 SM0.0 使能 USS_CTRL 指令。

RUN：启动/停止控制。0 为停止，1 为启动。此停止是按照驱动装置中设置的斜坡减速使电机停止。

OFF2：停车信号 2。此信号为 1 时，驱动装置将封锁主回路输出，电机自然停止。

OFF3：停车信号 3。此信号为 1 时，驱动装置将快速停止。

F_ACK：故障确认。当驱动装置发生故障后，将通过状态字向 USS 主站报告；如果造成故障的原因排除，可以使用此输入端清除驱动装置的报警状态，即复位。注意，这是针对驱动装置的操作。

DIR：电机运转方向控制。0 表示皮带顺时针运行；1 表示皮带逆时针运行。

Drive：驱动器地址，表示接收 USS_CTRL 命令的变频器地址的输入。有效地址：3。

Type：驱动器类型，选择变频器类型的输入 1。

Speed_SP：变频器速度设定值，该速度是全速的一个百分数；Speed_SP 为负值将导致变频器调转其旋转方向范围：−200.0%～200.0%。

Resp_R：（收到响应）位确认来自变频器的响应。系统轮询所有激活的变频器以获取最新的变频器状态信息。

Error：错误代码。0=无出错。

Status：变频器返回的状态字的原始值。

Speed：变频器速度，该速度是全速的一个百分数。范围：−200.0%～200.0%。

Run_EN：运行模式反馈，表示驱动装置是运行（为 1），还是停止（为 0）。

D_Dir：指示驱动装置的运转方向，反馈信号。

Inhibit：驱动装置禁止状态指示（0-未禁止，1-禁止）。禁止状态下驱动装置无法运行。要清除禁止状态，故障位必须复位，并且 RUN、OFF2 和 OFF3 都为 0。

Fault：故障指示位（0-无故障，1-有故障）。表示驱动装置处于故障状态，驱动装置上会显示故障代码。要复位故障报警状态，必须先消除引起故障的原因，然后用 F_ACK 或者驱动装置的端子或操作面板复位故障状态。

USS_CTRL 已经能完成基本的驱动装置控制，如果需要有更多的参数控制选项，可以选择 USS 指令库中的参数读写指令实现。

4. PLC 的数据类型

PLC 部分存储区的数据类型如表 3.4.4 所示。

表 3.4.4　PLC SMART-200 数据类型表

内部数据存储区	数据类型
V（变量存储区）	V0.0～16383.7，BOOL，（1bit，0、1） VB0～VB16383，BYTE，（8bit，0～255） VW0～VW16382，WORD，（16bit，0～65535） VD0～VD16380，DWORD，（32bit，0～4294967295） 可按位、字节、字或双字存取数据
M（位存储区）	M0.0～31.7 MB0～MB31 MW0～MW30 MD0～MD28 可按位、字节、字或双字存取数据
T（定时器存储区）	用于时间累计
C（计数器存储区）	用于输入端上升沿次数累计

PLC 部分存储区的寻址：使用"字节地址"格式可按字节、字或双字访问多数存储区（V、

I、Q、M、S、L 和 SM)中的数据，位、字节、字、双字之间的包含关系如图 3.4.8 所示。

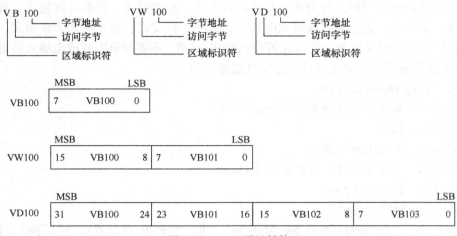

图 3.4.8 PLC 寻址结构

思考：在图 3.4.8 的寻址结构中，若按位寻址，V100.0 是哪一位？

(三)分拣仓储单元结构与工作流程

分拣仓储单元的功能是：落料口的物料检测传感器检测到物料后启动传送带输送物料，传感器则根据物料的材料特性(金属与非金属)、颜色(非金属白色与黑色)等特性进行辨别，分别由 PLC 控制相应电磁阀使气缸动作，对物料进行分拣。若工件未被推至前三个料仓，则自动滑落至第四个料仓。

分拣仓储单元硬件结构如图 3.4.9 所示，其中包括四个传感器，分别为：光电接近传感器(判断有无物体)、电感传感器(检测金属及非导磁材料)、光纤传感器(检测浅色与深色)、电容传感器(检测金属及非金属)。所有传感器的检测距离均可调。

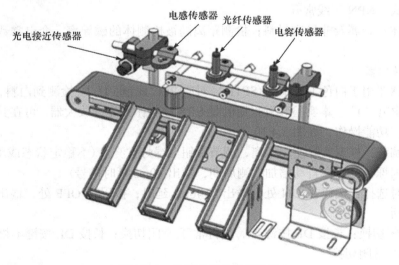

图 3.4.9 分拣仓储单元结构图

1. 光电接近传感器

光电传感器的检测模式分为如下几类：对射式、反射板式、偏振反射板式、直反式、宽光束式、聚焦式、定区域式和可调区域式。其中，直反式、宽光束式、聚焦式、定区域式和可调区域式有时又归类于光电接近检测模式（注意：不要与电容式或电感式接近开关混淆）。本实验装置采用的光电接近传感器性能指标如下。

外形：直径 18mm 圆柱体。

发光源：可见光半导体激光器 665nm（红光）。

光斑大小：1mm。

检测距离：2～30cm（可调）。

检测物体：不透明物体，直径最小 0.45mm。

反应时间：最大为 1.5ms。

工作电压：DC10～30V。

输出方式：三线 NPN，常开 NO 常闭 NC，或三线 PNP（可设置），常开 NO 常闭通用

负载电流：最大为 200mA（无过载保护）。

工作温度：−25～75℃（不结冰）。

工作湿度：35%～90%RH（相对湿度）。

工作电压：DC12～24V。

2. 电感传感器

电感传感器用于金属工件检测（SP9），对应 PLC 地址：I1.0。检测到金属物体，输出信号 "1"；未检测到物体，输出信号 "0"。本实验装置采用的电感式接近开关由三大部分组成：振荡器、开关电路及放大输出电路。振荡器产生一个交变磁场。当金属目标接近这一磁场，并达到感应距离时，在金属目标内产生涡流，从而导致振荡衰减，以致停振。

检测距离：8mm。

工作电压：DC6～36V。

输出形式：NPN 三线常开。

检测物体：金属及非导磁材料；检测距离随被检测体的磁导率、介电常数、体积的不同而不同。

3. 光纤传感器

光纤传感器用于白色工件检测（SP11），对应 PLC 地址：I1.2。检测到白料，输出 "1"；未检测到，输出 "0"。本实验装置采用的是 ER3-H 旋钮式光纤放大器，可在其调节装置上完成一些基本功能操作，如图 3.4.10 所示。

灵敏度调节：根据实际使用距离，调节旋钮至绿灯常亮。（不稳定状态或干扰严重时，绿灯灭或者闪烁，产品会自动增加检测周期，输出 40ms 延时信号）

输出延时选择：拨码在 ON 处，输出有 40ms 延时；拨码在 OFF 处，输出延时关闭，信号正常通断。

常开/常闭切换：长按 DL 按键 4s，进行常开/常闭切换；长按 DL 按键不松开，每隔 4s 进行一次常开/常闭切换。

输出短路或过载保护：当产品输出发生短路或者过载时，产品会自动关闭输出，持续

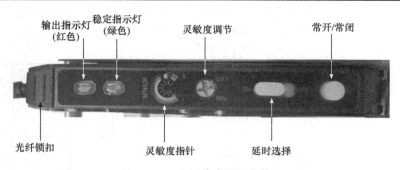

图 3.4.10　光纤传感器调节装置

到输出状态改变，即输出状态在有输出变为没输出时，短路保护恢复，产品输出恢复正常。

4. 电容传感器

电容传感器用于黑色及其他工件检测(SP13)，对应 PLC 地址：I1.4。检测到物料，输出信号"1"；未检测到物料，输出信号"0"。本实验装置采用的电容式接近开关，将其他量的变换以电容的变化体现出来。其主要由上下两电极、绝缘体、衬底构成，在压力作用下，薄膜产生一定的形变，上下级间距离发生变化，导致电容变化，但电容并不随极间距离的变化而线性变化，其还需测量电路对输出电容进行一定的非线性补偿。可用无接触的方式来检测任意一个物体。电容式接近开关不仅能检测金属，而且能检测塑料、玻璃、水、油等物质，因各种检测体的电导率和介电常数、吸水率、体积的不同，故相应检测距离也不同，对于接地的金属可获得最大的检测距离。

检测距离：10mm 可调。

工作电压：DC6～36V。

输出形式：NPN 三线常开。

检测物体：金属及非金属如塑料、玻璃、水、油等；检测距离随被检测体的电导率、介电常数、吸水率、体积的不同而不同，对于接地的金属获得最大检测距离。

分拣工作流程如下。

当按下 ST(启动)按钮后，分拣仓储单元开始工作，其工作流程如图 3.4.11 所示，按下 STP(停止)/STOP(急停)按钮后，分拣仓储单元停止工作。

三、实训器材

序号	名称	型号与规格	数量	备注
1	光机电一体化设备		1	
2	计算机		1	
3	气泵	LB:0.017/8	1	
4	导线		若干	

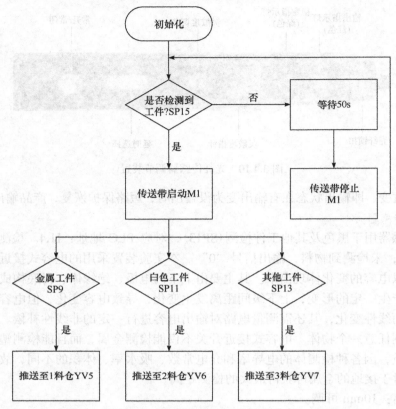

图 3.4.11　分拣仓储单元的工作流程

四、实训内容及步骤

（一）完成传送带分拣单元的下列功能

1. 传送带控制

（1）按下 ST（启动）按钮，传送带上检测到有工件，则传送电机按额定速度运行。

（2）运行过程中，按下 STP（停止）按钮，红灯常亮，电机惯性停止。

（3）运行过程中，按下 STOP（急停）按钮，红灯闪烁，电机快速停止。

注意：急停状态下，按下 STP 按钮，恢复常规停止状态；之后可解除 STOP 急停状态，再按下 ST 按钮，系统重新启动运行。

2. 结合多传感器、传送带完成精准的货物分拣工作

（1）按下 ST 按钮，将物料置于传送带上，光电开关检测到物料后，传送带开始转动。

（2）若物料为金属，则气缸动作将其推入 1 号仓。

（3）若物料为白色塑料，则气缸动作将其推入 2 号仓。

（4）若物料为黑色塑料，则气缸动作将其推入 3 号仓。

（5）运行期间，若传送带上长时间（15s）没有物料，则传送带自动停止运行；若再次检测到有物料，则恢复运行。

注意：若是手动按下 STP 按钮，传送带停机后，光电传感器若检测到物块，则传送带不再响应，除非重新按下 ST 按钮；若是因长时间没有检测到货物，传送带自动停机，则再次检测到货物时，传送带需要能够自己启动。

扩展内容：（基本任务完成后再做）

（1）手动停机后，推送气缸也处于停机状态，相应传感器再检测到货物时不再响应。

（2）结合前两站内容，完成供料→抓取→搬运→分拣全流程。

部分参考例程如图 3.4.12 所示。

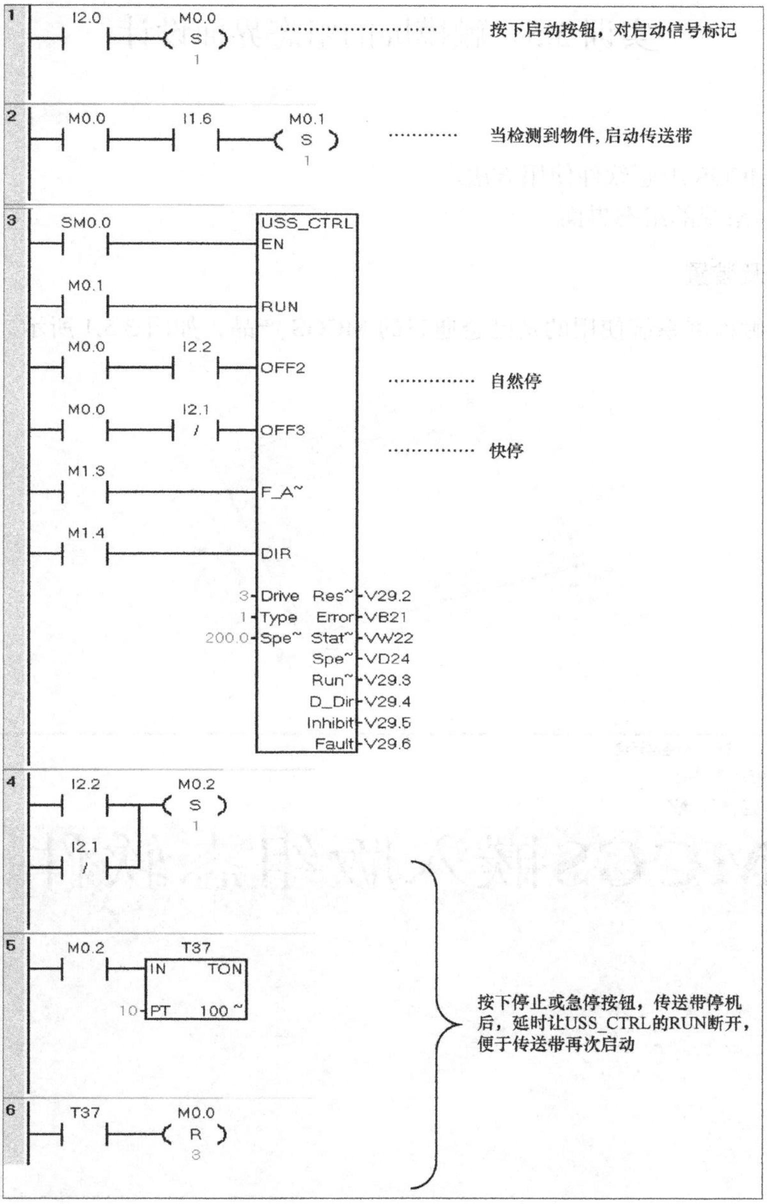

图 3.4.12　物料分拣部分例程

五、注意事项及规范

(1)实训接线前必须先断开总电源，接线完毕，检查无误后，才可通电，严禁随意通电。

(2)严禁带电插拔。

(3)机械手在动作过程中，请注意安全，勿将身体任何部位置于机械手的运动空间之内，防止被机械手打伤。

(4)驱动气压正常工作在 0.3～0.8MPa。

实训 3.5　触摸屏的组态界面设计

一、实训目的

(1)掌握 MCGS 组态软件使用方法。

(2)设计本系统的组态界面。

二、实训原理及装置

本系统的触摸屏系统使用的是昆仑通态的 MCGS 产品，如图 3.5.1 所示。

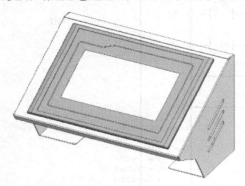

图 3.5.1　MCGS 触摸屏

　　MCGSE_7（10.0001）是专门应用于嵌入式计算机监控系统的组态软件，MCGS 嵌入版包括组态环境和运行环境两部分，它的组态环境能够在基于 Microsoft 的各种 32 位 Windows 平台上运行，运行环境则是在实时多任务嵌入式操作系统 Windows CE 中运行。适用于应用系统对功能、可靠性、成本、体积、功耗等综合性能有严格要求的专用计算机系统。通过对现场数据的采集处理，以动画显示、报警处理、流程控制和报表输出等多种方式向用户提供解决实际工程问题的方案，在自动化领域有着广泛的应用。其主要功能如下。

　　简单灵活的可视化操作界面：采用全中文、可视化的开发界面，符合中国人的使用习惯和要求。

　　实时性强、有良好的并行处理性能：是真正的 32 位系统，以线程为单位对任务进行分时并行处理。

　　丰富、生动的多媒体画面：以图像、图符、报表、曲线等多种形式，为操作员及时提供相关信息。

　　完善的安全机制：提供了良好的安全机制，可以为多个不同级别用户设定不同的操作权限。

　　强大的网络功能：具有强大的网络通信功能。

　　多样化的报警功能：提供多种不同的报警方式，具有丰富的报警类型，方便用户进行报警设置。

　　支持多种硬件设备：MCGS_7 嵌入版组态软件与其他相关的硬件设备相结合，可以更快速、更方便地开发各种用于现场采集、数据处理和控制的设备。

　　MCGS_7 嵌入版生成的用户应用系统，由主控窗口、设备窗口、用户窗口、实时数据库和运行策略五个部分构成，如图 3.5.2 所示。

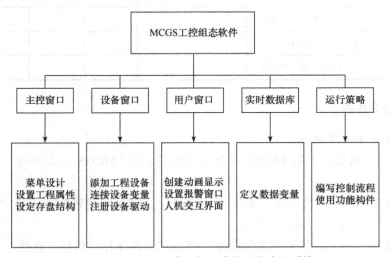

图 3.5.2　MCGS_7 嵌入版生成的用户应用系统

　　主控窗口：构造了应用系统的主框架。用于对整个工程相关的参数进行配置，可设置封面窗口、运行工程的权限、启动画面、内存画面、磁盘预留空间等。

　　设备窗口：是应用系统与外部设备联系的媒介。专门用来放置不同类型和功能的设备构件，实现对外部设备的操作和控制。设备窗口通过设备构件把外部设备的数据采集进来，送入实时数据库，或把实时数据库中的数据输出到外部设备。

用户窗口：实现了应用系统数据和流程的"可视化"。工程里所有可视化的界面都是在用户窗口里面构建的。用户窗口中可以放置三种不同类型的图形对象：图元、图符和动画构件。通过在用户窗口内放置不同的图形对象，用户可以构造各种复杂的图形界面，用不同的方式实现数据和流程的"可视化"。

实时数据库：是应用系统的核心。实时数据库相当于一个数据处理中心，同时也起到公共数据交换区的作用。从外部设备采集来的实时数据送入实时数据库，系统其他部分操作的数据也来自实时数据库。

运行策略：是对应用系统运行流程实现有效控制的手段。运行策略本身是系统提供的一个框架，其里面放置由策略条件构件和策略构件组成的"策略行"，通过对运行策略的定义，使系统能够按照设定的顺序和条件操作任务，实现对外部设备工作过程的精确控制。

组态工作开始时，系统只为用户搭建了一个能够独立运行的空框架，提供了丰富的动画部件与功能部件。如果要完成一个实际的应用系统，应主要完成以下工作。

(1)要像搭积木一样，在组态环境中用系统提供的或用户扩展的构件构造应用系统，配置各种参数，形成一个有丰富功能可实际应用的工程。

(2)把组态环境中的组态结果下载到运行环境。

运行环境和组态结果一起就构成了用户自己的应用系统。

三、实训器材

序号	名称	型号与规格	数量	备注
1	光机电一体化设备		1	
2	计算机		1	
3	TPC7062TX 触摸屏		1	

四、实训内容及步骤

MCGS 的基本操作如下。

(1)双击计算机桌面上的 MCGS 组态环境快捷方式"MCGS 组态环境"，可打开嵌入版组态软件。

单击文件菜单中"新建工程"按钮 🗋，弹出"新建工程设置"对话框，TPC 类型选择 TPC7062TX 产品，单击"确认"按钮。

执行"文件"→"工程另存为"命令，弹出"文件保存"窗口。选择工程文件要保存的路径，在文件名一栏内输入工程名称(自己定义)，单击"保存"按钮，工程创建完毕。

(2)单击工作台上的设备窗口标签，打开设备窗口，在设备窗口出现的图标上双击可进入设备窗口编辑界面。设备窗口编辑界面由设备组态画面和设备工具箱两部分组成。设备组态画面用于配置该工程需要通信的设备。设备工具箱里是常用的设备。在设备工具箱里的设备名称上双击，可以把设备添加到设备组态画面。

在本机上，设备已经默认添加完毕，同学们只需要观察即可。

(3)用户窗口主界面的右侧有三个按钮：每单击一次"新建窗口"按钮可以新建一个窗口，"窗口属性"按钮用于打开已选中窗口的属性设置。双击窗口图标或者选中窗口之后单击"动画组态"按钮可以进入该窗口的编辑界面，如图 3.5.3 所示。

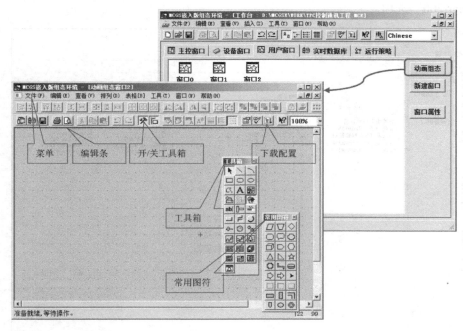

图 3.5.3　MCGS 的用户窗口

其窗口编辑界面的主要部分是工具箱和窗口编辑区域。工具箱有用户画面组态要使用的所有构件。窗口编辑区域用于绘制画面，运行时，用户能看到的所有画面都是在这里添加的。在工具箱里选中需要的构件，然后在窗口编辑区域中按住鼠标左键拖动就可以把选中的构件添加到画面中，工具箱见图 3.5.4。

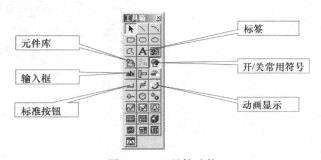

图 3.5.4　工具箱功能

(4)将构件添加到窗口编辑区域之后，双击该构件就可以打开该构件的属性。因为构件的作用不同，属性设置界面有很大的差异。每个构件属性设置的详细说明，都可以通过单击属性设置界面的右下角的"帮助"按钮查看。

MCGS 与西门子 PLC 之间的通信步骤如下。

（1）在工作台中激活设备窗口，双击 设备窗口 进入设备组态画面，单击工具条中的 ⚒ 打开"设备工具箱"。其中，与 PLC 的通信设置已经设置好，在没有更换设备的情况下无须再次设置。设置过程如图 3.5.5 所示，双击"设备管理"选项，打开"设备管理"窗口，选择"西门子_Smart200"选项。

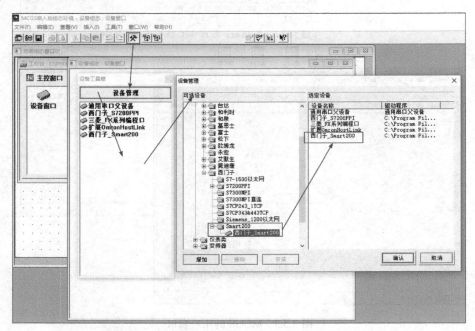

图 3.5.5　MCGS 与西门子 PLC 之间的通信设置窗口

（2）双击打开西门子_Smart200 驱动，进入"设备编辑窗口"界面，如图 3.5.6 所示。单

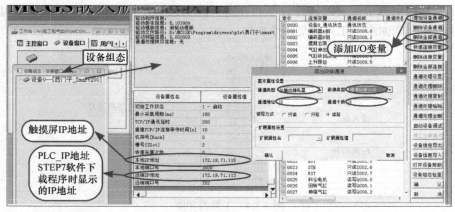

图 3.5.6　设备编辑窗口

击"删除全部通道"按钮，将不需要的默认通道全部删除，其中"通信状态"是内部通道，不可删除，用于显示通信是否成功。实验中所有用到的变量都需要进行"增加设备通道"设置及变量连接。

IP 地址设置如下。

"本地 IP 地址"为 MCGS 的 IP 地址。实验中已经将触摸屏的 IP 地址设置好，并贴在实验桌上，请按实验桌上的 IP 地址设置。也可自行查看触摸屏的 IP 地址，打开电源，在触摸屏出现"正在启动"窗口时，快速点击触摸屏，即可进入启动参数设置窗口，在该窗口中选择"系统参数"选项，即可查看触摸屏当前的 IP 地址。单击"启动工程"按钮就可正常启动触摸屏。

"远端 IP 地址"为 PLC 的 IP 地址，即 STEP 7 软件下载程序时显示的 IP 地址，同样贴在实验桌上，请按实验桌上的 IP 地址设置。

(3)添加设备通道，以添加 Q0.1 为例。

单击"增加设备通道"按钮，弹出"添加设备通道"对话框，选择通道类型为"Q 寄存器"，通道地址为"0"，数据类型为"通道的第 01 位"，通道个数为 1，设置完毕后单击"确认"按钮，返回到编辑窗口。

若添加的通道为 VM，则步骤为：单击"增加设备通道"按钮，弹出"添加设备通道"对话框，选择通道类型为"V 寄存器"，通道地址为"0"，数据类型为"16 位无符号二进制"，通道个数为 1，设置完毕后单击"确认"按钮，返回到编辑窗口。

(4)关联变量。单击"快速连接变量"按钮，弹出"快速连接"窗口，选择默认变量连接，单击"确认"按钮。这时可以看到，原本空白的连接变量列表中已经关联上了变量，单击右下角的"确认"按钮，弹出"添加数据对象"对话框，单击"全部添加"按钮即可。

(5)设置窗口组态中元件与变量的连接关系。这里以指示灯与输入框举例。

指示灯：单击工具箱中的"插入元件"按钮，打开"对象元件库管理"对话框，选中图形对象库指示灯中的一款，单击"确认"按钮添加到窗口中。双击指示灯元件，弹出"单元属性设置"对话框，在"数据对象"页，单击 ? 按钮，弹出"变量选择"对话框，如图 3.5.7 所示。由于需要与 PLC 建立数据通信，选择"根据采集信息生成"单选框，在"根据设备信息连接"一栏中选择通道类型为 Q 输出继电器、选择数据类型为通道的第 00 位、填写通道地址为 0、选择读写类型为读写，即可完成该指示灯与 PLC 输出寄存器 Q0.0 之间的数据关联。

输入框：单击工具箱中的"输入框"按钮，在窗口中按住鼠标左键，拖放出一个一定大小的输入框。双击 VW0 标签旁边的输入框构件，弹出"输入框构件属性设置"对话框，在"操作属性"页，单击 ? 进行变量选择，选择"根据采集信息生成"单选框，选择 VW0 对应的变量"设备 0_读写 VWUB0000"，单击"确认"按钮。完成后单击"确认"按钮保存。

标准按钮：按照指示灯的设置方式，将标准按钮与变量连接。可将按钮操作与 PLC 的输出端口(如 Q0.0)、位存储器(如 M0.0)、变量存储器(如 V0.0)等连接。标准按钮的"数据对象值操作"有 5 种方式：置 1、清 0、取反、按 1 松 0、按 0 松 1。其中，"按 1 松 0"功能与常开按钮一致，"按 0 松 1"功能与常闭按钮一致。通过编写 PLC 程序，用该按钮控

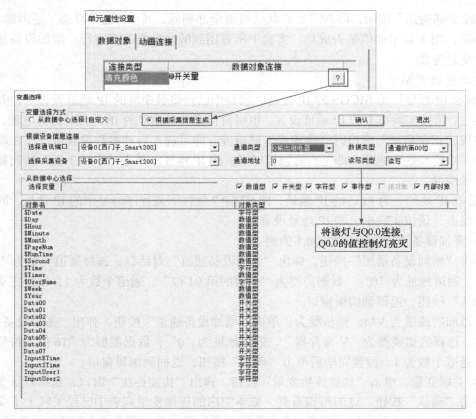

图 3.5.7　设置窗口组态中元件与变量的连接关系

制灯的亮灭，例如，将按钮与 M0.0 连接，在 STEP 7 中编程实现 M0.0 对 Q0.0 的控制（必须将程序下载至 PLC 并运行）。

(6)程序调试操作。

在组态环境的"设备编辑窗口"下，完成参数设置及寄存器通道的添加后，可以通过设备调试来验证与设备的通信是否正常。操作如下：打开设备窗口，双击子设备进入"设备编辑窗口"，单击右下侧"启动设备调试"按钮，在通道连接区可查看调试数据。

工程组态完成后，单击菜单栏的"下载"按钮或按 F5 键，进入"下载配置"对话框，如图 3.5.8 所示。单击"连机运行"按钮后，选择"TCP/IP 网络"连接方式，目标机名为触摸屏的 IP 地址，请按贴在桌面的 IP 地址设置；然后单击"工程下载"按钮，下载完成后，单击"启动运行"按钮，即可运行工程，监控 PLC 数据。

如果初次下载显示通信不成功，请保存工程并重启软件。

因为构件的作用不同，属性设置界面有很大的差异。每个构件属性设置的详细说明，都可以通过单击属性设置界面右下角的"帮助"按钮查看。其他元件与控件的选择与设置，同学们可以参考《昆仑通泰 初级教程》（V2.1），或者软件中的帮助文档，自己多尝试。

(7)实验要求。本次实验基础要求如下。

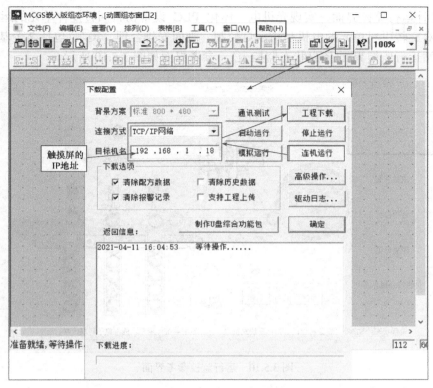

图 3.5.8 "下载配置"对话框

① 建立 MCGS 工程，设计工艺流程界面，实现对旋转供料单元运行状态的直观监测，包括电机、指示灯的监控。

② 设计信息记录界面，实现对光机电一体化实验台上传感器、气缸、电机等对应的 PLC I/O 变量的实时监测；参考界面如图 3.5.9 所示。

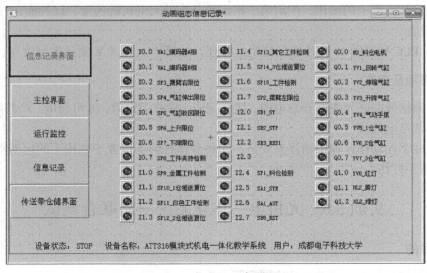

图 3.5.9 信息记录参考界面

③ 设计运行监控界面，实现光机电一体化 PLC 设备物料回转搅拌单元的运行监控界面，实现对旋转供料单元的电机与指示灯控制。画面安排合理、美观（包括 2 个基本画面：系统或单站运行监控界面/信息状态监控表），参考界面如图 3.5.10 所示。

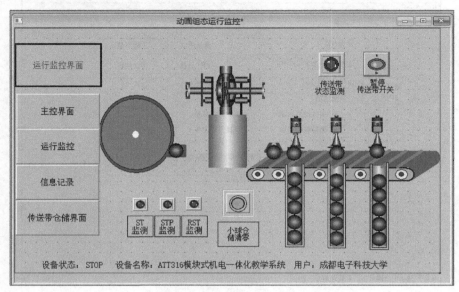

图 3.5.10　运行监控参考界面

④ 工艺流程图、信息状态监控表画面安排合理、美观，可自由切换。

扩展内容：（基本任务完成后再做）

（1）添加启动和停止两个标准按钮，通过触摸屏上的按钮控制光机电一体化三个工作站；要求触摸屏上的按钮与操作面板上的按钮能同时使用，功能相同。

提示：PLC 的输入端口通过模拟量控制，触摸屏只能产生数字量。

（2）通过触摸屏上的操作，控制第三站物料分拣单元电机的速度，以及推送气缸动作延迟时间的设置。

提示：PLC 程序需要采用 V 存储变量处理，触摸屏上对该 V 变量进行读写。

五、注意事项及规范

（1）实训接线前必须先断开总电源，接线完毕，检查无误后，才可通电，严禁随意通电。

（2）严禁带电插拔。

（3）机械手在动作过程中请注意安全，勿将身体任何部位置于机械手的运动空间之内，防止被机械手打伤。

实训 3.6　光机电一体化系统三站联合调试

一、实训目的

（1）掌握物料分拣系统的三站协同运行方法。

(2)完成物料分拣系统的三站协同控制。

(3)解决三站协同运行时的 BUG 问题。

二、实训原理及装置

货物自动分拣系统由回转搅拌供料单元、回转搬运单元、材料分拣单元三个工作站构成；每个工作站既可单独使用也可与其他站组合成 2 站、3 站模式使用，所有元件均采用实际的工业现场元件，而不是模型，模拟了一个真实的工作环境，如图 3.6.1 所示。每条生产线由多个独立的工作站组成，多个站连在一起形成一套完整的生产线。学习由浅入深，从开始的单站练习到两个站联合调试，一直到最后将多个站连接在一起实现整体调试和运行。

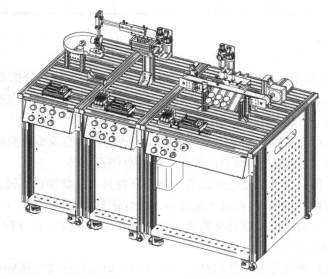

图 3.6.1　货物自动分拣系统

操作顺序：设备上电，空压机上电，调整气动压力(减压阀的压力为 4bar[①])；气缸与电机等执行机构复位并且复位检测开关动作，设备进入初始化状态；恢复急停，模式开关旋转至 AUT。按下启动按钮，设备自动运行，指示灯显示工作状态如表 3.6.1 所示。

表 3.6.1　货物分拣系统状态指示表

指示灯状态	工作状态	指示灯状态	工作状态
红色灯常亮	停止状态	绿色灯闪烁	待机状态
红色灯闪烁	急停状态	黄色灯闪烁	故障状态
绿色灯常亮	运行状态		

---

① 1bar=10^5Pa。

关机过程：所有的阀都恢复到初始位置，将模式选择开关旋转到初始位(中间位置)，拍下急停开关，将所有工件放置在分拣单元料仓，切断设备电源和气泵电源。

三、实训器材

序号	名称	型号与规格	数量	备注
1	光机电一体化设备		1	
2	计算机		1	
3	气泵	LB:0.017/8	1	
4	导线		若干	

四、实训内容及步骤

完成回转搅拌供料单元+机械手+传送带的综合控制，实现物料分拣系统的正常运行。

(1)按下 ST(启动)按钮后，PLC 启动电机驱动送料盘旋转，绿灯点亮，物料由送料盘滑到物料检测位置，漫反射光电传感器检测物料。

(2)如果电机运行 10s 后，光电传感器仍未检测到物料，则说明送料机构已经无物料或故障，自动报警，黄灯闪亮，其他指示灯灭，送料盘停止旋转。

(3)当回转搅拌供料单元的光电传感器检测到有物料，料盘停止旋转，绿灯闪亮，等待物料被取走；当物料被取走后，料盘恢复旋转，绿灯恢复常亮。

(4)搅拌供料单元的光电传感器将物料检测信息发送至 PLC，由 PLC 驱动机械手臂按实训 3.3 要求的控制过程运行。

(5)落料口的物料检测光电传感器检测到物料后，启动传送带输送物料。

(6)运送过程中，金属、色标传感器则根据物料的材料特性(金属与非金属)、颜色(非金属白色与蓝色)等特性进行辨别，并将辨识信息发送至 PLC，由 PLC 控制相应电磁阀使气缸动作，对物料进行分拣。

(7)若工件未被推至前两个料仓，自动滑落至第三个料仓。

(8)运行过程中，若按下 STP(停止)按钮，红色灯点亮，其他灯熄灭，料盘停止旋转，机械手回到初始位置，传送带停止工作，各气缸回到初始位置。

(9)运行过程中，若按下 STOP(急停)按钮，则所有动作立即停止，红色灯点亮，其他灯熄灭。

扩展内容：(基本任务完成后再做)

首先，解决三站协同运行时的 BUG 问题：①实验室提供工具，自行将机构调整正常。实验台故障及解决方法见表 3.6.2。②若不能恢复正常，通过软件调整。容易产生的 BUG 及软件恢复方法如下。

表 3.6.2　实验台故障及解决方法

现象	原因	解决方案
设备电源指示灯不亮	总电源或分电源未上电； 设备断路器断开	送电
气缸不动作	气源压力不正常(<4bar)； 电磁阀没得电； 电磁阀复位磁性开关没动作	打开气泵电源，调节加压阀，检测是否漏气； 检测电磁阀线路； 检测磁性开关
摆臂拿取和放置工件的位置不准	摆动气缸的左右机械限位点改变； 摆动气缸的磁性开关不动作	调整摆动气缸的机械限位； 检测磁性的好坏与位置是否正确
直流电机不动作	物料检测开关已动作； 电路故障	检查开关安装位置； 检测电路
传送带电动机不动作	变频器未上电； 电动机与传送带的联轴器松动； 通信线故障； 变频器指令参数配置错误(红灯亮)； 变频器 control 指令使用错误	检测电路； 紧固联轴器； 检测故障线连接
按启动按钮不动作，红色指示灯亮	操作面板或触摸屏急停动作	复位急停开关
手爪不抓取工件	摆臂未到位； 料仓传感器未检测到工件； 手爪光纤检测开关未动作	调整摆臂检测传感器； 调整料仓传感器检测距离； 调整光纤传感器调整距离；或者仅在抓取物料时屏蔽光纤传感器
工件不能推送至料仓	传感器未检测到工件； 传感器安装位置超前或滞后； 气缸推送速度不合适； 气缸推送时间不合适	调整传感器与工件的相对位置或调整传感器的检测距离； 调整传感器的安装位置； 调节气缸节流阀的开度
旋转供料盘末端光电传感器瞬间误检测导致机械手伸出—下降—卡死	未设置旋转供料盘末端光电传感器防抖动	设置/添加旋转供料盘末端光电传感器防抖动功能
旋转供料盘末端光电传感器长时间误检测导致机械手伸出—下降—卡死，或者导致机械手重复伸出—下降—上升—缩回—伸出—下降等动作	未考虑旋转供料盘末端掉入杂物，且机械手永远夹不起来	设计功能，当旋转供料盘末端掉入机械手抓取不到的杂物时，让机械手连续向下抓取三次，确认抓不到后机械手复位停止动作，黄灯闪烁报警，系统停止工作
黄灯闪烁时系统会动作	未考虑黄灯闪烁时系统可能处于故障状态	设计功能，当黄灯闪烁时系统不响应任何客观信号(各传感器信号)，只响应主观信号(按钮)

（1）回转搅拌供料单元工件检测光电传感器误检测时机械手的动作：①光电传感器出现瞬间误触发信号，机械手保持不动或者向下抓取一次并恢复原位再次待命；②光电传感器出现长时间误触发信号，机械手向下连续抓取三次，若仍未抓到物体，则黄灯闪烁报警，系统停止。

（2）机械手内的光电传感器不够灵敏时机械手的动作：①机械手未正常识别物料的情况

下依然能够正确抓取与搬运（前提是机械手在抓到物料之后能够识别）；②调节光电传感器的灵敏度。

（3）黄灯闪烁时系统的动作：黄灯闪烁时系统动作应与停止时系统动作相同，即只会响应"运行"、"停止"和"急停"按钮，其他任何信号（包括传感器）均不响应。

（4）物料被温柔且准确地推入料仓的概率低于 95%。利用调速阀调节气缸导杆的动作速度。

（5）其他：满足指导书要求的、满足工业生产现场的合理动作。

其次，通过分拣单元的三个分拣传感器记录物料的个数，当单种物料计数到 4 个时，设备停止，红色灯点亮，其他灯熄灭，料盘停止旋转，机械手回到初始位置，传送带停止工作，各气缸回到初始位置。

计数器：S7-200 SMART 指令提供了三种类型的计数器指令：CTU（增计数器）、CTD（减计数器）、CTUD（增/减计数器）。计数器指令及其功能如表 3.6.3 所示。注意：①由于每个计数器有一个当前值，因此请勿将同一计数器编号分配给多个计数器。②使用复位指令复位计数器时，计数器位会复位，并且计数器当前值会设为零。计数器编号可同时用于表示该计数器的当前值和计数器位。

表 3.6.3　计数器指令及其功能

指令名称	梯形图	功能
增计数器	Cxxx CU　CTU R PV	CU：增计数信号输入端，上升沿有效；在每一个 CU 输入的上升沿递增计数。 R：复位输入，高电平有效。同时复位计数器和内部的计数值。 PV：装载预置值。 　每次执行计数器指令时，都会将 PV 预设值与当前值进行比较。当前值 CU 大于或等于预设值 PV 时，计数器位 Cxxx 接通；否则，计数器位关断
减计数器	Cxxx CD　CTD LD PV	CD：减计数信号输入端，上升沿有效；在每一个 CD 输入的上升沿，从当前值开始递减计数。 LD：高电平有效；复位计数器位 Cxxx 并用预设值 PV 装载当前值。 PV：预置值。 　当前值达到零后，计数器停止，计数器位 Cxxx 接通；否则，计数器位关断
增/减计数器	Cxxx CU　CTUD CD R PV	CU：增计数信号输入端，上升沿有效；在每一个 CU 输入的上升沿递增计数。 CD：减计数信号输入端，上升沿有效；在每一个 CD 输入的上升沿从当前值开始递减计数。 R：复位输入，高电平有效。同时复位计数器和内部的计数值。 PV：预置值。 　每次执行计数器指令时，都会将 PV 预设值与当前值进行比较。当前值大于或等于 PV 预设值时，计数器位 Cxxx 接通。否则，计数器位关断

传送：S7-200 SMART 指令提供了四种类型的传送指令：MOV_B（字节传送指令）、MOV_W（字传送指令）、MOV_DW（双字传送指令）、MOV_R（实数传送指令）。指令功能如表 3.6.4 所示。

表 3.6.4　传送指令及其功能

指令名称	梯形图	功能
字节传送指令	MOV_B EN　ENO IN　OUT	
字传送指令	MOV_W EN　ENO IN　OUT	EN：高电平有效，字节传送、字传送、双字传送和实数传送指令将数据值从源（常数或存储单元)IN 传送到新存储单元 OUT,而不会更改源存储单元中存储的值
双字传送指令	MOV_DW EN　ENO IN　OUT	
实数传送指令	MOV_R EN　ENO IN　OUT	

加法器：S7-200 SMART 指令提供了三种类型的传送指令，加法器指令及其功能如表 3.6.5 所示。

表 3.6.5　加法器指令及其功能

指令名称	梯形图	功能
ADD_I	ADD_I EN　ENO IN1　OUT IN2	EN：高电平有效，加整数指令将两个 16 位整数 IN1 和 IN2 相加，产生一个 16 位结果 OUT
ADD_DI	ADD_DI EN　ENO IN1　OUT IN2	EN：高电平有效，加双精度整数指令将两个 32 位整数 IN1 和 IN2 相加，产生一个 32 位结果 OUT
ADD_R	ADD_R EN　ENO IN1　OUT IN2	EN：高电平有效，加实数指令将两个 32 位实数 IN1 和 IN2 相加，产生一个 32 位实数结果 OUT

五、注意事项及规范

(1)实训接线前必须先断开总电源，接线完毕，检查无误后，才可通电，严禁随意通电。

(2)严禁带电插拔。

实训 3.7　光机电一体化系统综合控制

一、实训目的

（1）掌握物料分拣系统的三站协同运行方法。

（2）完成物料分拣系统的三站协同控制。

（3）利用组态软件实现对系统的监控功能。

二、实训原理及装置

实验装置同光机电一体化系统三站联合调试。

本次实验除了完成系统硬件联合协调工作外，还需要使用 MCGS 组态软件+触摸屏来对系统的运行进行监控。

复杂动作是简单动作的结合运用，生活中的简单动作大都可理解为闪烁、移动、旋转、大小变化等。这几种简单的动画结合起来就可以把工业设备的动作及运行状态生动、逼真地表现出来。

实时数据库是整个软件的核心，从外部硬件采集的数据送到实时数据库，再由窗口来调用，通过用户窗口更改数据库的值，再由设备窗口输出到外部硬件，如图 3.7.1 所示。用户窗口中的动画构件关联实时数据库中的数据对象，动画构件按照数据对象的值进行相应的变化，从而达到"动"起来的效果。

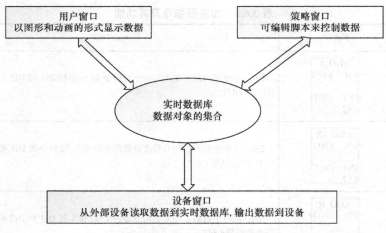

图 3.7.1　MCGS 软件原理图

我们有一个简单动画样例，样例中包含闪烁、移动和旋转几种效果。这些效果只要在构件的属性窗口中做简单的设置就可以完成。

（一）动画组态

MCGS 组态软件提供丰富的图形库，而且几乎所有的构件都可以设置动画属性。移动、大小变化、闪烁等效果只要在属性对话框进行相应的设置即可。

1. 设置背景

在组态画面之前，建议先定好整个画面的风格及色调，以便于在组态时更好地设置其他构件的颜色，使画面更美观。我们按照样例中的风格来介绍如何设置背景。

1) 设置窗口背景

新建窗口并进入组态画面，添加一个"位图"，右击该位图，从弹出的快捷菜单中选择"装载位图"选项，选择一个事先准备好的位图，装载后选择该位图，在窗口右下方状态栏设置位图的坐标为 (0,0)，大小为 800×480，如图 3.7.2 所示，背景就设置完成了。

图 3.7.2　简单动画运行效果

2) 添加标题背景

添加"矩形"构件□，双击进入"动画组态属性设置"对话框。在"属性设置"页，设置填充颜色为"白色"，边线颜色为"没有边线"。将它的坐标设为 (0,0)，大小设为 800×60，标题的背景就设置完成了。

2. 设置组态动画效果

1) 闪烁效果

闪烁效果是通过设置标签的属性来实现的。首先介绍标签的使用。

标签除了可以显示数据外，还可以用作文本显示，如显示一段公司介绍、注释信息、标题等。通过标签的属性对话框还可以设置动画效果。标签是用处最多的构件之一。

添加"标签"构件 A ，双击进入"标签动画组态属性设置"对话框，如图 3.7.3 所示。在"属性设置"页，设置填充颜色为"没有填充"，字符颜色为"藏青色"，设置字体为"宋体、粗体、小二"。

图 3.7.3　闪烁效果设置

在"扩展属性"页，文本内容输入"简单动画组态"。

在"闪烁效果"页，闪烁效果表达式填写"1"，表示条件永远成立。选择闪烁实现方式为"用图元可见度变化实现闪烁"，如图 3.7.3 所示，设置完成后单击"确认"按钮。按需要设置标签的坐标和大小。组态效果如图 3.7.4 所示。

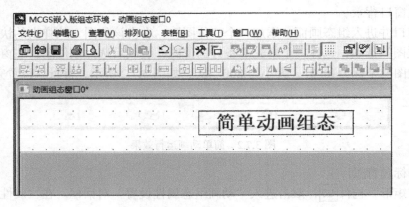

图 3.7.4　标签闪烁效果

注：当所连接的数据对象（或者由数据对象构成的表达式）的值非 0 时，图形对象就以设定的速度开始闪烁，而当表达式的值为 0 时，图形对象就停止闪烁。

2）移动效果

（1）水平移动效果：水平移动的效果还是用标签来实现，只要设置标签的"水平移动"属性即可。添加一个"标签" A ，进入标签"属性设置"页，设置填充颜色为"没有填充"，字符颜色为"红色"，字体为"宋体、粗体、四号"，边线颜色为"没有边线"。在位置动画连接部分选择"水平移动"选项，即在设置栏会出现"水平移动"标签。

在"扩展属性"页，文本内容输入"显示报错信息"。

在"水平移动"页，"表达式"栏中要填写一个数据对象，在这里定义一个数据对象 i。设置最小移动偏移量为 0，最大移动偏移量为 200，对应表达式的值分别为 0 和 100，如图 3.7.5 所示。单击"确认"按钮，弹出如图 3.7.6 所示的提示框，单击"是"按钮，弹出"数据对象属性设置"对话框，选择 i 的对象类型为"数值型"，如图 3.7.7 所示。数据对象 i 就会被添加到实时数据库中。（注：以下快速添加变量的操作只做简要描写）双击窗口空白处，进入"用户窗口属性设置"对话框，在循环脚本页添加标签水平移动的脚本，循环时间改为 100ms，如图 3.7.8 所示。

（2）垂直移动效果：用电机切割玻璃来表现垂直移动效果，设置玻璃的"垂直移动"属性即可。电机：选择"插入元件"选项，在对象元件库管理中，添加"马达 13"和"马达 14"到窗口，设置其大小为 70×40，再复制 3 组马达摆放如图 3.7.9 所示。

玻璃滑带：添加"矩形"构件，设置大小为 10×230，进入"动画组态属性设置"对话框，在"属性设置"页，设置填充颜色为"红色"，边线为黑色。再复制一个矩形，放在如图 3.7.10 所示的位置上。

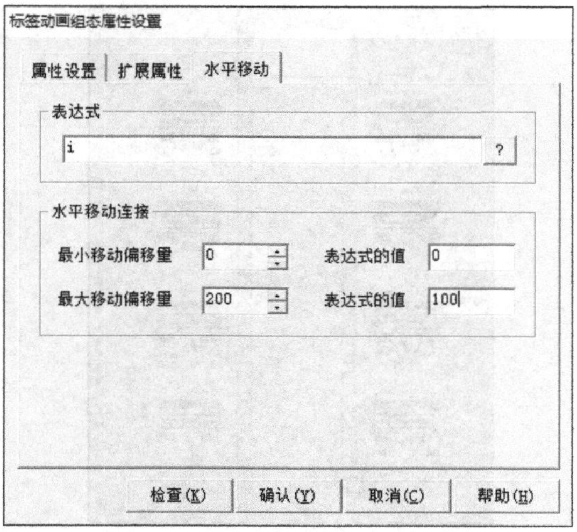

图 3.7.5　水平移动属性设置 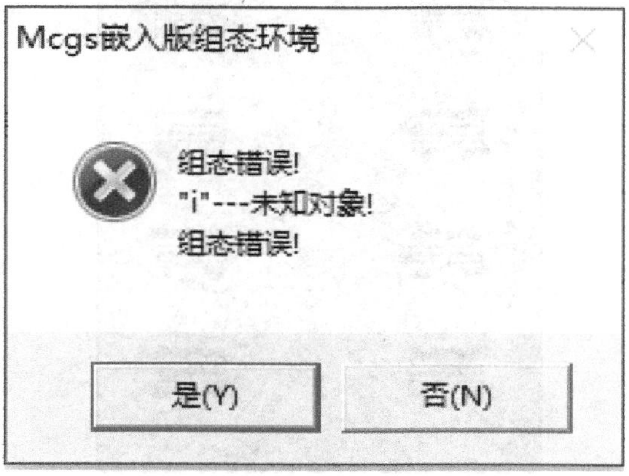　　　　　　　　　图 3.7.6　数据对象报错信息

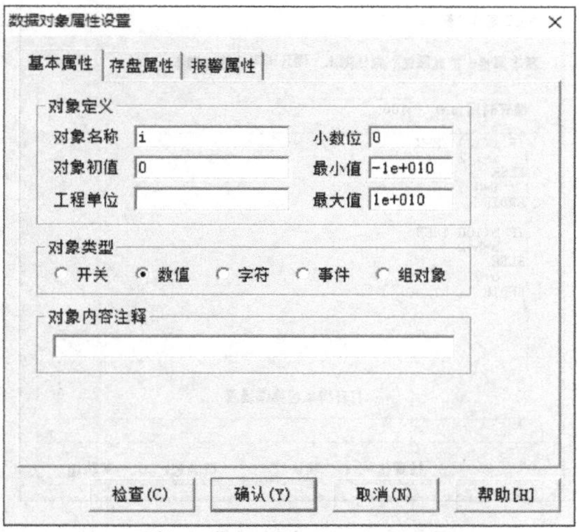

图 3.7.7　添加水平移动数据对象　　　　　　　图 3.7.8　水平移动脚本设置

　　玻璃：选择工具箱中的"常用符号"，打开常用图符工具箱，选择"立方体"构件，添加到窗口。进入其"动画组态属性设置"对话框，设置填充颜色为"白色"，选择"垂直移动"属性页。

　　在"垂直移动"属性页，定义表达式关联数值型对象为 b，最小移动偏移量为 0，最大移动偏移量为 200，对应的表达式的值分别为 0 和 100，如图 3.7.11 所示。单击"确认"按钮，提示组态错误时，单击"是"按钮添加数据对象 b。

　　打开"用户窗口属性设置"对话框，在"循环脚本"属性页添加玻璃垂直移动的脚本，如图 3.7.12 标注部分所示。

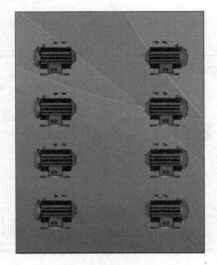

图 3.7.9 电机样图

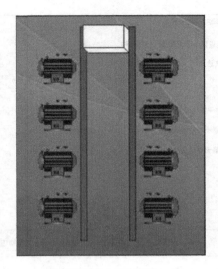

图 3.7.10 玻璃图

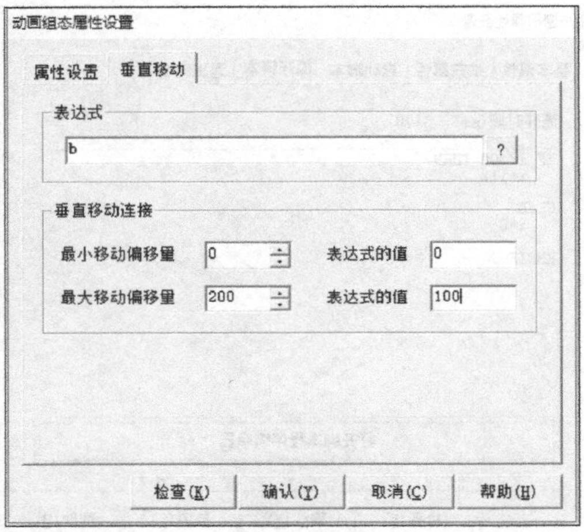

图 3.7.11 垂直移动属性设置

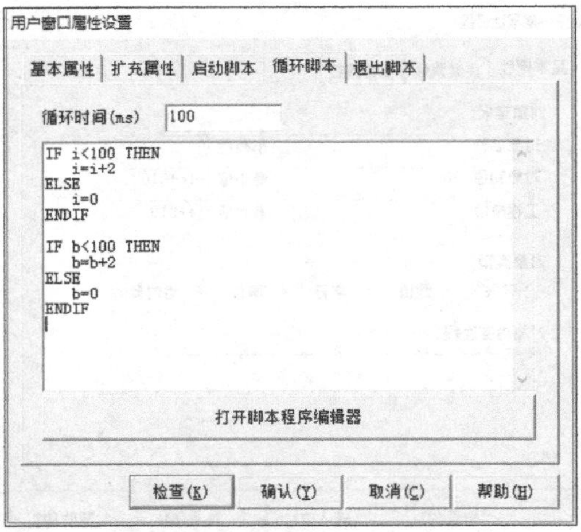

图 3.7.12 垂直移动脚本设置

注：偏移量是以组态时图形对象所在的位置为基准(初始位置)的，单位为像素点，向左为负方向，向右为正方向(对垂直移动，向下为正方向，向上为负方向)。表达式和偏移量之间的关系：以图 3.7.11 中的组态设置为例，当表达式 b 的值为 0 时，图形对象的位置向下移动 0 像素(即不动)，当表达式 b 的值为 100 时，图形对象的位置向下移动 200 像素。

3)旋转

风扇的旋转效果可以用动画显示构件来实现。动画显示构件可以添加分段点，每个分段点可以添加图片，多个分段点可以有多个图片。多个不同状态图片的交替显示就可以实现旋转效果。风扇的旋转效果就是用两个不同状态的图片交替显示实现的。

(1)制作风扇框架：从常见图符工具箱中添加"凸平面"构件，设置其大小为 30×90，进入"动画组态属性设置"对话框，设置填充颜色为"灰色"，单击"确认"按钮保存。

复制两个凸平面，调整大小为 70×30，分别摆放在原凸平面的
上下方，如图 3.7.13 所示。风扇的框架就制作完成了。

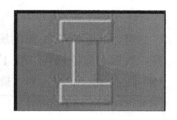

图 3.7.13　框架

（2）设置风扇效果：添加"动画显示"构件 ，进入"动
画显示构件属性设置"对话框，选择分段点"0"，单击"位图"
按钮加载图像，弹出"对象元件库管理"对话框。单击"装入"
按钮，添加事先已经准备好的风扇图片 。图片装载成功之后，
选择刚添加的风扇位图，单击"确认"按钮保存。分段点"0"
成功插入位图，删除文本列表，设置图像大小为"充满按钮"，如图 3.7.14 所示。采用同
样的方法设置分段点"1"，插入另一幅风扇位图 。

在"显示属性"页，设置显示变量为"开关，数值型"，关联数值型变量定义为"旋
转可见度"，动画显示的实现选择"根据显示变量的值切换显示各幅图像"单选框，如图 3.7.15
所示。单击"确认"按钮，提示组态错误时，选择添加数据对象"旋转可见度"选项。

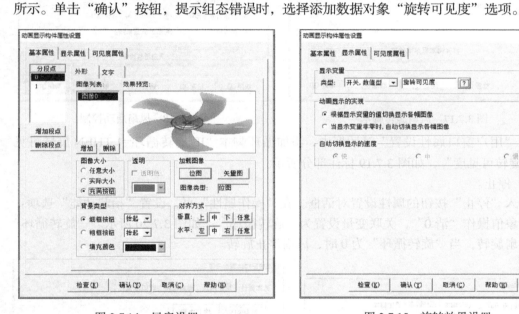

图 3.7.14　风扇设置　　　　　　　　　　　　　　图 3.7.15　旋转效果设置

图 3.7.16　风扇组态效果

设置好之后，调整动画显示构件大小为 60×50，
拖到风扇框架的左上方。再复制 3 个风扇。分别放置
在框架的右上、左下、右下方，如图 3.7.16 所示。

（3）添加脚本：打开"用户窗口属性设置"对话
框，在"循环脚本"属性页添加使风扇旋转的脚本，
打开脚本程序编辑器，按照如图 3.7.17 标注部分编辑
循环程序。

（4）风扇的按钮控制：添加两个"标准按钮"，设
置按钮标题分别为"启动"和"停止"。

① 启动。

进入"启动"按钮的属性设置对话框，在"操作属性"页，设置"抬起功能"选项内容：数据对象值操作"置1"，定义数值型变量"旋转循环"，如图3.7.18所示。"旋转循环"控制风扇旋转，当"旋转循环"为1时，风扇开始旋转。

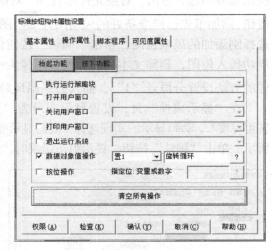

图 3.7.17　风扇旋转脚本　　　　　　　　图 3.7.18　风扇启动控制

在"用户窗口属性设置"对话框中，添加循环脚本"IF 旋转循环=1 THEN 旋转可见度=1–旋转可见度"，如图 3.7.19 标注部分所示。

② 停止。

进入"停止"按钮的属性设置对话框。在"操作属性"页，设置"抬起功能"选项：数据对象值操作"清0"，关联变量设置为"旋转循环"，如图3.7.20所示。"旋转循环"控制风扇旋转，当"旋转循环"为0时，风扇停止旋转。

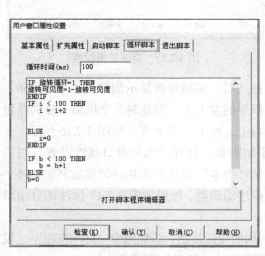
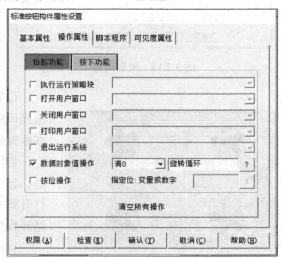

图 3.7.19　风扇控制旋转脚本　　　　　　　图 3.7.20　风扇停止控制

风扇控制效果图，如图 3.7.21 所示。

简单的动画效果组态完成了。大家按照需要添加不同的动画效果，并下载至触摸屏查看运行效果。

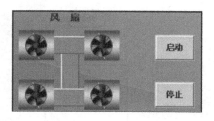

图 3.7.21 风扇控制效果图

（二）报警

在工作过程中，我们非常希望：当设备运行出现故障时能够通知到工作人员，从而及时地处理，查看报警产生的历史记录能够清楚地了解设备的运行情况，不同的现场作业需要不同的报警形式，总之，报警已经成为工业现场必备的条件。MCGS 组态软件根据客户需求，综合分析工业现场报警的多种需求，致力于为客户提供合适的报警方案。本部分内容是专业组态软件公司在分析众多客户的实际需求后，列举出了字报警、位报警、多状态报警、弹出窗口显示报警信息等几种报警形式的实现方案。

1. 报警介绍

MCGS 组态软件中实现报警的流程：从 PLC 等外部设备读取的数据是传送给实时数据库中对应的数据对象，判断数据对象的值是否满足报警的条件，如果满足即产生报警；保存数据对象的值即保存了报警的历史记录；在用户窗口显示对应数据对象（以下简称变量）的值，也就是显示了当前 PLC 中的值，如图 3.7.22 所示。

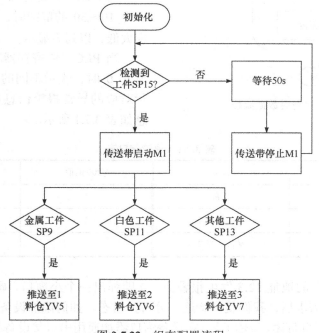

图 3.7.22 组态配置流程

图 3.7.22 所示为实现报警的组态配置流程，首先要确定所用的硬件设备，如 PLC 型号（西门子 S7-200 SMART），在设备窗口添加正确的驱动构件，添加 PLC 中所用到地址（在 MCGS 组

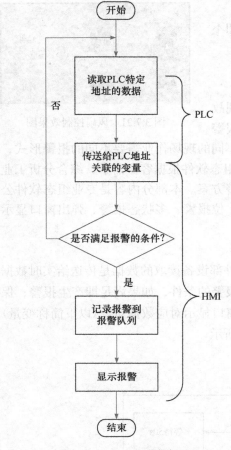

图 3.7.23　运行时数据流程

态软件中称为通道），并且关联上变量；到实时数据库中设置报警属性，在用户窗口用报警构件显示。图 3.7.23 所示为组态软件与 PLC 之间信息读写的运行数据流程，在读取 PLC 寄存器相关数据并判断数据是否满足报警条件后，组态软件会将信息显示在人机交互界面上（HMI）。

MCGS 提供了报警条（走马灯）、报警显示构件、报警浏览构件等多个报警构件。

2. 报警组态

报警样例列举了常用的基本报警形式。首先我们分析每种形式的报警需求。以西门子 S7-200 SMART 为例。

当 PLC "M 寄存器" 的地址 12.3 状态为 1 时，提示水满了，此报警信息在屏幕上滚动显示。

当 PLC "V 寄存器" 的字地址 49 的值超出 10～30 的范围时，提示温度太高或温度太低，以列表显示。

当 PLC "V 寄存器" 的字地址 200 的值非 0 时，表示不同的故障，在画面上进行对应的异常报警信息显示。各种故障信息如表 3.7.1 所示。

表 3.7.1　故障信息表

V200 的值	含义	V200 的值	含义
0	正常	3	故障信息 3
1	故障信息 1	4	故障信息 4
2	故障信息 2		

当 "M 寄存器" 的地址 12.3 发生报警后，立即弹出一个小窗口，显示当前报警信息。

了解清楚报警需求后，我们就开始逐一分析并组态。如何添加设备在初级教程已经详细的介绍过，此处不再赘述。新建工程，在设备窗口添加通用串口父设备和西门子_Smart200 驱动。

1）位报警

第一个报警需求：当 PLC 中 "M 寄存器" 地址 12.3 的值为 1 时提示 "水满了"，并且滚动显示。

　　方案：地址 M12.3 报警内容固定，直接设置对应变量的报警属性即可；然后在用户窗口用报警条(走马灯)构件显示。

　　步骤 1：添加位通道。在设备窗口，双击西门子_Smart200 驱动进入"设备编辑窗口"，如图 3.7.24 所示。单击"增加设备通道"按钮，弹出"添加设备通道"对话框，设置通道类型为"M 内部继电器"，数据类型为"通道的第 03 位"，通道地址为"12"，通道个数为"1"，读写方式为"读写"。如图 3.7.25 所示，设置完成单击"确认"按钮。

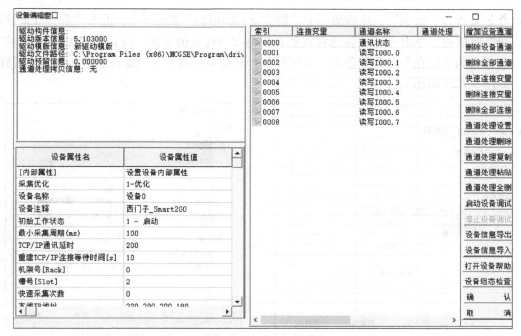

图 3.7.24　设备编辑窗口

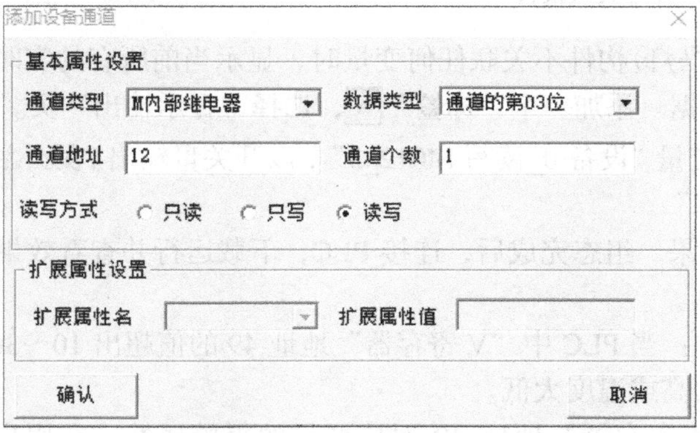

图 3.7.25　添加位通道

　　步骤 2：通道关联变量。在设备编辑窗口单击"快速连接变量"按钮，进入"快速连接"对话框，选择"默认设备变量连接"选项，单击"确认"按钮回到设备编辑窗口，自动生成变量名"设备 0_读写 M012_3"。在设备编辑窗口单击"确认"按钮，系统弹出"添加数据对象"的提示框，选择"全部添加"选项，所建立的变量会自动添加到实时数据库。

步骤 3：在实时数据库设置变量的报警属性。切换到"实时数据库"，打开变量"设备 0_读写 M012_3"的"数据对象属性设置"对话框，在"报警属性"页，选择"允许进行报警处理"选项，设置"开关量报警"项，报警值为 1，报警注释为"水满了"，如图 3.7.26 所示。设置完成单击"确认"按钮。

步骤 4：设置报警条(走马灯)构件。新建"窗口 0"，在"窗口 0"的基本属性中，将窗口背景修改为"蓝色"，并添加一个"报警条(走马灯)"构件 ，进入"走马灯报警属性设置"对话框，单击　?　按钮选择我们在设备窗口建立的变量"设备 0_读写 M012_3"，设置前景色为"黑色"，背景色为"浅粉色"，滚动字符数为 3，滚动速度为 200，支持闪烁，如图 3.7.27 所示。

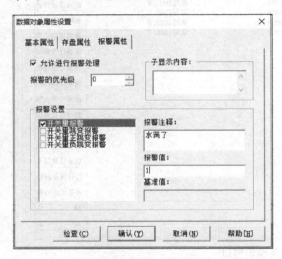

图 3.7.26　设置开关量报警　　　　　　　图 3.7.27　报警条属性设置

注：报警条(走马灯)构件不关联任何变量时，显示当前所有的实时报警信息。

步骤 5：显示数据。添加一个"标签" A ，选择"显示输出"页。在"显示输出"页，单击　?　按钮选择变量"设备 0_读写 M012_3"，以开关量输出。另外添加一个"标签" A ，输入"显示注水状态"。

步骤 6：查看效果。组态完成后，连接 PLC，下载运行并查看效果：当 PLC 有报警产生时，显示报警信息。

第二个报警需求：当 PLC 中"V 寄存器"地址 49 的值超出 10~30 的范围时，以文字列表形式显示温度太高或温度太低。

方案：设置"V 寄存器"地址 49 对应变量的报警属性，在用户窗口用报警浏览构件显示。

步骤 1：添加字通道。在设备窗口，双击西门子_Smart200 驱动进入"设备编辑窗口"，单击"增加设备通道"按钮，进入"添加设备通道"对话框，设置通道类型为"V"数据寄存器"，数据类型为"16 位无符号二进制"，通道地址为"49"，通道个数为"1"，读写方式为"读写"。设置完成单击"确认"按钮。

步骤 2：通道关联变量。在设备编辑窗口单击"快速连接变量"按钮，进入"快速连接"对话框，选择"默认设备变量连接"选项，单击"确认"按钮回到设备编辑窗口，自动生成变量名"设备 0_读写 VWUB049"，在设备编辑窗口单击"确认"按钮，系统提示添加变量，选择"全部添加"选项，所建立的变量会自动添加到实时数据库。

步骤 3：在实时数据库设置变量的报警属性。切换到实时数据库，打开变量"设备 0_读写 VWUB049"的"数据对象属性设置"对话框，在"报警属性"页，选择"允许进行报警处理"选项，设置"上限报警"值为 30，报警注释为"温度太高了"。设置"下限报警"，值为 10，报警注释为"温度太低了"，如图 3.7.28 所示。设置完成单击"确认"按钮。

步骤 4：设置报警显示构件。在"窗口 0"添加一个"报警浏览"构件 ，进入"报警浏览构件属性设置"对话框。在"基本属性"页，显示模式选择"实时报警数据（R）"选项，单击 ? 按钮选择变量"设备 0_读写 VWUB049"。在"显示格式"页，选中"日期""时间""对象名""报警类型""当前值""报警描述"复选框并设置合适的列宽，其他项采用默认设置，如图 3.7.29 所示。在"字体和颜色"页，将背景色设为"浅蓝色"，字体设为"宋体、粗体、小四、黑色"，其他项采用默认设置，单击"确认"按钮保存。

图 3.7.28 报警上限、下限属性设置

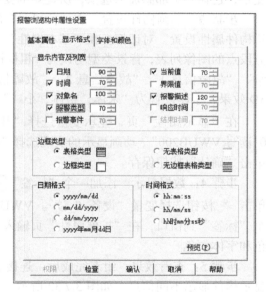

图 3.7.29 设置显示格式

注：报警浏览构件不关联任何变量时，显示当前所有的实时报警信息。

步骤 5：显示数据。添加一个"标签" A，选择"显示输出"页。在"显示输出"页，单击 ? 按钮选择变量"设备 0_读写 VWUB049"，以数值量输出。再添加一个"标签"，在扩展属性页输入"显示当前温度"，参照图 3.7.30 设置标签填充颜色和字体颜色。

步骤 6：查看效果。组态完成后，连接 PLC，下载运行并查看效果：当 PLC 有报警产

图 3.7.30　字报警运行效果

生时，显示报警信息。

2）多状态报警

第三个报警需求：PLC 中"V 寄存器"地址 200 输出的值不同时，提示不同的故障信息。

方案：用动画显示构件可以设置多个分段点的特点来实现，每个非 0 分段点代表一个故障信息。

步骤 1：添加字通道。在设备窗口，双击西门子_S7200PPI 驱动进入"设备编辑窗口"，单击"增加设备通道"按钮，弹出"添加设备通道"对话框，设置通道类型为"V 寄存器"，数据类型为"16 位无符号二进制"，通道地址为"200"，通道个数为"1"，读写方式为"读写"。设置完成后单击"确认"按钮。

步骤 2：通道关联变量。在设备编辑窗口单击"快速连接变量"按钮，进入"快速连接"对话框，选择"默认设备变量连接"选项，单击"确认"按钮回到设备编辑窗口，自动生成变量名"设备 0_读写 VWUB200"，在设备编辑窗口单击"确认"按钮，系统提示添加变量，选择"全部添加"选项，所建立的变量会自动添加到实时数据库。

步骤 3：动画构件设置。在"窗口 0"添加一个"动画显示"构件 ◑◍，进入"动画显示构件属性设置"对话框。在"基本属性"页，设置分段点"0，1，2，3，4"。清空每个分段点的图像列表，背景类型均设为"粗框按钮：按下"，文字设置按段点顺序依次为"正常""故障信息 1""故障信息 2""故障信息 3""故障信息 4"，设置前景色、背景色、3D 效果，字体设置为"宋体、粗体、小二"。

在"显示属性"页，显示变量选择"开关，数值型"，单击 ? 按钮选择变量"设备 0_读写 VWUB200"，动画显示的实现选择"根据显示变量的值切换显示各幅图像"单选项，单击"确认"按钮保存。

步骤 4：数据显示。添加一个"标签" A，选择"显示输出"页。在"显示输出"页，单击 ? 按钮选择变量"设备 0_读写 VWUB200"，选择"数值量输出"选项。再添加一个"标签"到窗口，在"扩展属性"页输入"多状态报警"。参照图 3.7.31 设置标签填充色和字体颜色。

步骤 5：查看效果。组态完成后，连接 PLC，当 PLC 对应的通道值发生变化时，动画显示构件显示不同信息，如图 3.7.32 所示。

3）弹出窗口方式报警

第四个报警需求：当 M12.3 的状态为 1 时，弹出一个小窗口提示"水满了！"。

方案：用弹出子窗口来实现，运用报警策略来及时判断报警是否发生，并设置子窗口显示的大小和坐标。

① 添加子窗口：在工作台界面切换到用户窗口，新建"窗口 1"。

② 设置显示信息：打开"窗口 1"，选择工具箱中的"常用符号" ⬆，打开常用图符

图 3.7.31　多状态报警运行效果　　　　　　图 3.7.32　位报警窗口信息

工具箱。添加"凸平面"构件，设置坐标为 (0,0)，大小为 310×140，填充色为"银色"，没有边线。然后添加一个"矩形"构件，设置坐标为 (5,5)，大小为 300×130。

从对象元件库插入"标志 24"，再添加一个"标签"，文本内容为"水满了！"，然后把这两个构件放到矩形上合适的位置，如图 3.7.32 所示。

③ 设置窗口弹出效果：在工作台界面切换到运行策略窗口，单击"新建策略"按钮，在"选择策略的类型"对话框中选择"报警策略"选项，确定后回到运行策略窗口，双击新建的策略进入策略组态窗口，从工具条单击"新增策略行"按钮，然后打开策略工具箱，选择"脚本程序"选项，如图 3.7.33 所示。

双击进入"策略属性设置"对话框，设置策略名称为"注水状态报警显示策略"，单击 ? 按钮选择变量"设备 0_读写 M012_3"，对应的报警状态选择"报警产生时，执行一次"选项，单击"确认"按钮保存，如图 3.7.34 所示。

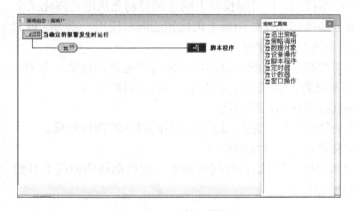
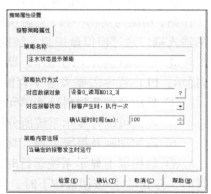

图 3.7.33　添加报警策略　　　　　　图 3.7.34　位报警策略属性设置

双击此策略的脚本程序图标，进入脚本程序窗口，输入"!OpenSubWnd(窗口 1,450,300,310,140,0)"，确定保存。

采用同样的方式新建"注水状态报警结束策略"窗口，对应的报警状态选择"报警结束时，执行一次"选项，脚本程序为"!CloseSubWnd(窗口 1)"。

④ 查看效果：组态完成后，连接 PLC，当"M 内部继电器"的地址 12.3 发生报警时，在"窗口 0"就会弹出窗口显示报警信息。

注：如果工程启动时有报警产生，报警窗口不会弹出。

至此报警实例的功能完成，然后为"窗口 0"添加一个"标签"作为标题，文本内容为"报警"，背景色为"白色"。为各报警添加注释"位报警""字报警""多状态报警""弹出窗口显示报警信息"。组态设置完成，结合 PLC 编程，运行组态界面观察报警效果。

三、实训器材

序号	名称	型号与规格	数量	备注
1	光机电一体化设备		1	
2	计算机		1	
3	TPC7062TX 触摸屏			
4	气泵	LB:0.017/8	1	
5	导线		若干	

四、实训内容及步骤

(1)设计触摸屏组态界面，能够显示系统运行的状态监测、数据显示、电机频率等参数、指令控制等功能。具体要求如下：

① 建立 MCGS 工程，设计工艺流程界面，实现对光机电一体化实验台三个工作站运行状态的直观监测；设计信息状态监控界面，实现对光机电一体化实验台上传感器、气缸、按键等对应的 PLC I/O 变量的实时监测；各界面可自由切换，且画面设计合理、美观。

② 添加启动、停止和急停三个标准按钮，通过触摸屏上的按钮控制光机电一体化三个工作站；功能与实物一致，且触摸屏上的按钮与操作面板上的按钮能同时使用。(提示：PLC 的输入端口通过模拟量控制，触摸屏只能产生数字量。)

③ 通过触摸屏上的操作，显示与控制第三站物料分拣单元传送带电机的速度、方向。(提示：PLC 程序需要采用 V 存储变量处理，触摸屏上对该 V 变量进行读写。)

④ 显示及调节物料分拣单元各气缸的推出延迟时间。

⑤ 界面可统计显示系统所分拣的物料数量，最好分别显示不同属性的物料数量。

⑥ 添加动画及报警处理，具体设置方法参考实验原理。

⑦ 触摸屏上显示系统运行时间和停机时间(运行时间以最近一次启动按钮被按下开始计时，停止/急停按钮被按下时，停止计时)。

⑧ 其他自主创新的内容。

(2)完成回转搅拌供料单元+机械手+传送带的综合控制，实现物料分拣系统的正常运行。(详细要求同"实训 3.6 光机电一体化系统三站联合调试")

五、注意事项及规范

(1)实训接线前必须先断开总电源，接线完毕，检查无误后，才可通电，严禁随意通电。

(2)严禁带电插拔。

第4章　先进自动化虚拟仿真

实训 4.1　先进自动化虚拟仿真平台基础认识

一、实训目的

(1) 了解虚拟仿真平台的使用场景，了解虚实仿真过程及其优点；
(2) 掌握三维实境虚拟仿真软件 VUP 的基本使用方法。

二、实训原理及装置

1. 虚拟仿真软件 Virtual Universe Pro 简介

虚拟调试是工厂自动化的规划、工程和实现过程中不可或缺的一部分。虚拟调试可较早地保证控制程序的质量与优化程度，从而缩短产品开发调试周期、提高生产效率和灵活性，对工业企业的发展有重要意义。对教学而言，可丰富实验种类，降低操作风险，提高实验效率，同时可开设机械设计、气动、液压、自动化控制等多学科综合实验，提高教学效率。

本实验虚拟仿真是在 Virtual Universe Pro（后续简称 VUP）中进行的，如图 4.1.1 所示。VUP 集成了气动液压、电工电子、数字电路、机械设计、电气自动化、工业机器人等多领域的知识，可根据实际应用需求创建一个具有实际交互功能的虚拟仿真系统。仿真系统可以实现与实际环境一致的物理性能、机械结构及动作功能，能够使得机械设计与电气设计在仿真系统上并行进行开发工作，消除传统开发过程中的空档期。仿真系统不仅是简单的动画场景，还可以与实际的控制设备进行信号交互，接收控制指令以及传感器反馈信号，也可以在仿真过程中及时发现设备在程序控制下云心的各种问题并进行优化，提高设计效率且降低成本和风险。

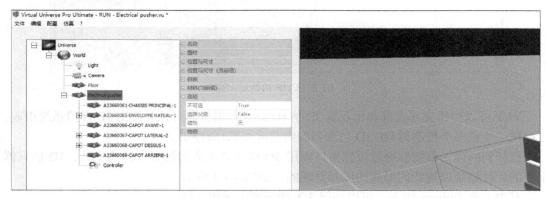

图 4.1.1　VUP 虚拟仿真界面

　　VUP 是一个创新型的三维建模与仿真软件，可以通过对三维 CAD 模型的二次使用快速创建一个交互式 3D 仿真和自动化系统（虚拟样机）。利用 VUP，工业设备和自动化系统的设计师可以将他们的产品在一个真实的、交互性的虚拟 3D 环境中进行实验，对设备进行实时仿真。通过连接三维仿真器与外部控制器，如 PLC（可编程逻辑控制器）或嵌入式虚拟控制器，VUP 在一个完全虚拟的环境下重塑了一个产品或机器在真实世界的工作条件。

　　VUP 的软件特性：

　　(1) VUP 是基于 3D-CAD 模型进行二次开发的控制仿真软件。

　　(2) 用户可自由定义被仿真模型的各种物理属性，使得仿真效果更加真实。

　　(3) 模型的动作可以自由配置，能完成各种期望的任务。

　　(4) 软件内置编程模块，可利用其虚拟的 PLC 程序或脚本语言对模型进行编程控制。

　　(5) 软件可与实际 PLC、单片机等进行通信，利用实际硬件对模型进行编程控制（支持各种主流 PLC 与单片机）。

　　(6) 支持 CAD 软件模型的导入，用户可通过 CAD 软件建模，利用 VUP 对所建模型进行编程控制，支持的 CAD 软件有 Solidworks、Inventor、CATIA、SolidEdge 等，支持的模型格式有 3DXML、3DS、OBJ 等。

　　2. VUP 基本操作简介

　　打开 VUP 软件，其初始界面及显示窗口如图 4.1.2 所示。

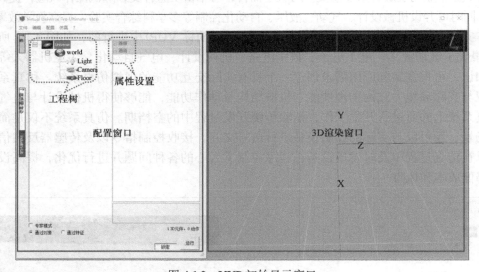

图 4.1.2　VUP 初始显示窗口

　　VUP 可以构建交互式自动化系统 3D 仿真器（或虚拟机器），该系统由 3D 虚拟系统组成，可以被一个或多个控制器（在 3D 仿真器的内部或外部）所控制。

　　在任何时候，都能够通过设置窗口调用 3D 仿真器工程的设置和搭建工具，3D 仿真器工程的元件则是以树状的形式构成和呈现的，如图 4.1.3 所示。

　　其中，在 Univers 级下，可以访问 3D 仿真器的通用属性：

　　(1) 使用连接/未连接到外部软件/控制器的 3D 仿真器。

(2)打开 3D 仿真器时自动开始仿真。

(3) 3D 渲染下的导航模式。

(4)设定访问 3D 仿真器属性的权限，等等。

在 World 级下，可以访问 3D 仿真器的通用显示属性：

(1)设定背景颜色。

(2)设定环境光源。

(3)为天空添加图像。

(4)设定单位等。

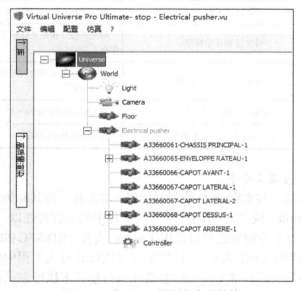

图 4.1.3　树状 3D 控制仿真器结构

在 Light 级下，可以访问仿真器的光源属性。

在 Camera 级下，可以访问 3D 仿真器的可视化选项。

在 Electrical pusher(元件)级下，可以访问某个元件的属性。

在动作级(元件层的下一级)下，可以访问某个动作的属性。动作是 Virtual Universe Pro 仿真的核心，它呈现了仿真过程中元件所具有的智能性。动作能够将无效的 3D 元件转变为智能资源，使其在仿真过程中，具备移动、交互以及与其他 3D 资源通信的能力。Virtual Universe Pro 中有多种类型的预定义动作，这取决于它所模拟资源的类型(执行器、传感器和控制器)。动作也能够表示元件的输入/输出，并允许它们与其他元件以及任意的外部控制器进行交互。除此之外，可以基于已有的预定义动作，使用脚本编辑器来描述(基于 Basic 语言)更多需要被开发和定制化的动作，用来模拟某个资源的任一真实的行为逻辑。动作，与元件一样，可以保存并积累在 Virtual Universe Pro 的集成资源库中，在将来快速搭建 3D 仿真工程时可以再次使用。可以手动添加、复制、粘贴、移动和删除动作。

在 HMI 级，提供了访问人机交互界面属性的权限。用户可以创建显示在渲染窗口的控制台，并使用如按钮、灯光、滑块等元件。

在 Controller 级下，可以访问控制器的属性。控制器可以是 World 或者元件的子对象。通过创建程序，可以使控制器控制整个系统或者系统的某个部分。

在渲染窗口中，基本导航操作如表 4.1.1 所示。

表 4.1.1　VUP 基本操作

序号	目的	操作
1	放大、缩小渲染窗口	鼠标滚轮
2	平移渲染窗口	按住鼠标滚轮+移动鼠标
3	旋转渲染窗口	按住鼠标右键+移动鼠标
4	沿坐标轴移动模型	单击并按住鼠标坐标轴不放，坐标轴将变长，移动鼠标
5	以坐标轴为对称轴旋转模型	单击坐标轴末端的圆圈并按住鼠标不放，圆圈将变大，移动鼠标
6	沿坐标轴拉伸、压缩模型	按 Ctrl+单击坐标轴不放，坐标轴将变粗，移动鼠标
7	分开两个粘在一起的模型	按 Ctrl+Alt+移动鼠标

3. VUP 虚拟控制器基本指令

VUP 内置编程模块，与实际 PLC 控制器类似，本实验中将其称为虚拟 PLC，用于模型内部调试。对于"World"或"3D 元件"项目，工程中的编程特性以一个或多个"控制器"子文件的形式出现。每个控制器能够包含用 Ladder 或者 FBD/SFC（SFC 与功能块）语言编写的单页或者多页的程序（不限大小）。控制器能够读取和写入工程中各行为的值，每个控制器也能读写各控制器中的局部变量，控制器在运行模式下执行它们的程序。基本编程指令如表 4.1.2 所示。

表 4.1.2　虚拟 PLC 基本编程指令

序号	指令	功能描述
1	─┤ ├─ 常开触点	如果相关联的变量为 true（不为 0），则触点为 true
2	─┤/├─ 常闭触点	如果相关联的变量为 false（等于 0），则触点为 true
3	─( )─ 线圈	所关联的变量值根据网络布尔方程（true 为 1，false 为 0）定义的状态决定写入 1 或者 0
4	─(/)─ 非线圈	与线圈相同，但 false 时值为 1，true 时值为 0
5	─(S)─ 置位线圈	如果网络为 true，则该变量被置为 1
6	─(R)─ 复位线圈	如果网络为 true，则该变量被复位为 0
7	─(I)─ 反相线圈	如果网络为 true，则该线圈反相，网络每执行一次，反相就生效一次，使用"上升沿 Raising Edge"触点可使该反相操作只执行一次

续表

序号	指令	功能描述
8	—(C)— 运算线圈	如果网络为 true，则执行一个数学运算或者变量/常量与变量之间的复制
9	—|↑|— 上升沿触点	如果相关联的变量从 false（等于 0）变为 true（不等于 0），则该触点在一个执行周期内为 true
10	—|↓|— 下降沿触点	如果相关联的变量从 true（不等于 0）变为 false（等于 0），则该触点在一个执行周期内为 true
11	—|T|— 定时器触点	在所关联的变量为 true 并延时一段时间后，该触点为 true，延时以秒为单位并且必须在触点的属性中定义

4. VUP 使用方法学习

利用一个案例来学习 VUP 的使用方法，参考以下步骤。

(1)打开 VUP，选择"文件"→"打开"→"打开一个案例"选项，在出现的文件中选择 Electrical pusher（VU 文件）并打开，界面如图 4.1.4 所示。

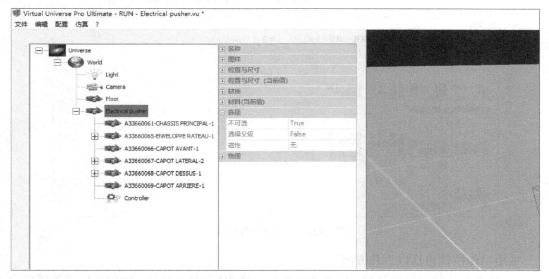

图 4.1.4　三维模型工程树界面

(2)界面中出现的 Electrical pusher 是一个由多结构构成的系统，打开左侧的树状仿真器，依次展开 World 级与 Electrical pusher 级，Electrical pusher 级下会发现很多的结构。如果想要查看这些结构，单击结构名称并右击，打开对象，即可单独观测某个结构。单击"返回工程"按钮即可返回主界面。如果要在整体结构中观察次结构，可以选择该结构名称，右击→高亮显示对象。

为方便观察与编辑，选择界面中间最下方的"锁定"选项，将仿真器与 3D 界面脱离，使用双显示器分别观测仿真器与 3D 界面。

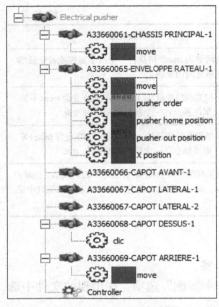

图 4.1.5　VUP 工程树结构

（3）在树状仿真器中，除了不同名称的结构外，还有很多"控件"等其他设置，如图 4.1.5 所示。

不管各类"控件"是如何设置的，先体验 Electrical pusher 的具体完成动作：单击"运行"按钮，此时界面处于仿真运行且不可编辑的状态，单击 Electrical pusher 的顶部，观察 Electrical pusher 运动。可以使用鼠标右键与滚轮调整当前界面视角与大小。在 Electrical pusher 运动时，同时观测树状仿真器的参数值。

（4）观察结构的不同"控件"属性，双击想要观察的"控件"，在树状仿真器的右侧，可以查看不同的属性。如何添加控件？选择某个结构并右击，在快捷菜单中选择"添加"→"动作命令"选项，弹出的界面会显示不同的动作类型，如图 4.1.6 所示。选择合适的控件（动作），在控件属性上修改其参数即可。具体操作请同学自己多尝试。

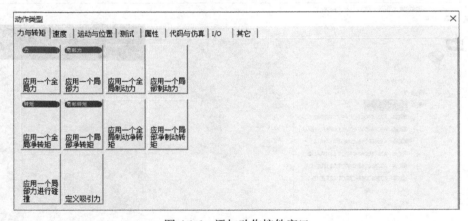

图 4.1.6　添加动作控件窗口

常用动作控件包括以下几方面。

（1）检测与其他对象的碰撞：检测该元件与其他 3D 元件的碰撞，常用在传感器模型中。

（2）检测元件位置：测试 3D 元件的位置是否处于称为"最小位置"和"最大位置"的两个界限之间，该行为能够模拟位于执行机构上的位置传感器。

（3）通用写入：该动作将 VUP 变量值写入外部软件/控制器。

（4）通用读取：该动作将读取外部软件/控制器变量值。

（5）在 VUP 中可以通过多种方式控制结构进行运动，本次只讲两种方式。

方式 1：通过控制器的方式运行，例如，在上述 Electrical pusher 中的 Electrical pusher 级下的第二个结构的第一个动作 move，就是通过控制器（梯形图）来控制的。

在 Electrical pusher 中双击 Controller，显示出如图 4.1.7 所示界面，其中在界面的左上侧可以删除、修改、添加不同的控制程序类型，包括 Ladder（梯形图）与 Fbd/Sfc（逻辑电路图）。在界面的右侧为程序编辑区（以 Ladder 为例），拖动指令即可绘制梯形图，指令的位可以通过左下侧的"属性"窗口来修改。

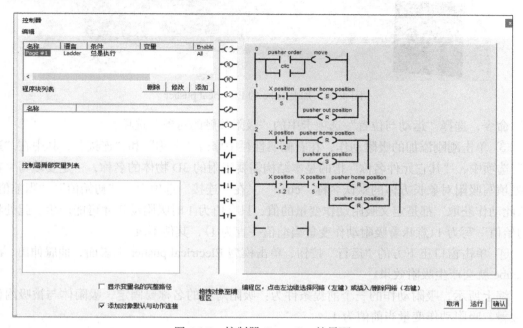

图 4.1.7　控制器 Controller 的界面

在本程序中的第一行可以看出，动作 move 是通过输入信号 pusher order 或 clic 控制的。其中 pusher order 是通用读取型动作，在仿真运行时单击此动作控件即可修改 pusher order 的当前值。其中 clic 是检测对象是否被单击的动作控件，设置在第 5 个结构上，在仿真运行时单击第 5 个结构（即 Electrical pusher 的顶面），clic 值被修改为 1。

方式 2：通过连接的方式运行，例如，在上述 Electrical pusher 中的 Electrical pusher 级下的第二个结构的第一个动作 move。

将控制控件 Controller 删除，消除梯形图对 move 的动作影响。单击动作 move，在右侧属性栏展开"连接"选项，其中有"从此动作获取数值"选项并单击其空白处，单击出现的扩展选项卡，选择动作 clic，单击"确认"按钮。

再次运行，单击模型 Electrical pusher 的上表面，观察动作。

（6）在 VUP 中常见的机械手抓取动作是由吸附动作完成的。以 Electrical pusher 为例，其操作过程如下：

① 单击 Electrical pusher 级，单击工具栏左侧的库，找到 Primirive 文件夹，双击进入，选择 cube（长方体）控件，拖进环境中，修改 cube 尺寸与名称，修改 cube 的"物理"属性，将"使用物理属性"选项设置为 true，将"使用重力"选项设置为 true，其他默认。拖动 cube 到合适的位置，如图 4.1.8 所示。

② 选择 Electrical pusher 级中的第二个结构（抽屉）并右击，在快捷菜单中选择"添加动

图 4.1.8　加上 cube 的 Electrical pusher

作"命令，选择"运动与位置"选项卡中的"吸附接触的对象"选项。

③ 单击刚刚添加的吸附动作，在右侧属性栏中修改"名称"和"连接"，其中在"连接"选项中，"其它元件名称"指的是本结构需要吸附的 3D 物体的名称，一定要填写，在此处填写吸附对象长方体的默认名称"cube"。在"连接"选项中，"初始值""当前值""从此动作获取"都是定义吸附动作变量的值，只有值为 1 时吸附动作才可能产生。此处将"初始值"写为 1(意味着吸附动作变量当前值一直为 1)，其他不改。

④ 单击窗口正下方的"运行"按钮，单击模型 Electrical pusher 上表面，抽屉伸出，碰到 cube 就会产生吸附效果。

综上所示，吸附动作的三个前提条件为：吸附对象的名称要固定，吸附体与被吸附体要接触，吸附动作变量当前值为 1。

(7)在 VUP 中可以设置不同种类的传感器，以位移传感器为例讲解其使用方法。

① 在 Electrical pusher 级下单击第二个结构(抽屉)，这时在左侧工具栏会出现"运用辅助设置"选项卡，单击"打开"按钮，出现如图 4.1.9 所示画面。

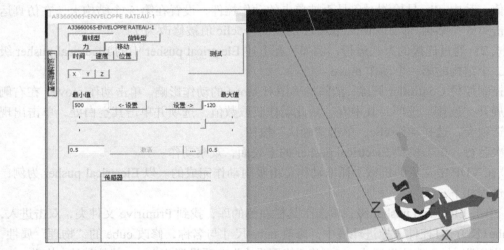

图 4.1.9　运动辅助设置界面

② 在运动辅助设置界面中可以看出，抽屉结构已经含有直线型运动定义。在本界面的下方有"传感器"栏，单击最下方的"添加一个传感器"按钮，修改其名称与检测区

域。检测区域的含义是，当运动物体到达某一距离区域时，该传感器当前值变为 1(默认值为 0)。

③ 返回主界面，在 Electrical pusher 级下单击左侧工具栏中的"库"，选择 Sensor 文件夹，选择 Mechanical sensor 选项，拖进环境中，置于合适位置。当有物体碰到该传感器时，传感器的当前值变为 1。

三、实训器材

序号	名称	型号与规格	数量	备注
1	计算机		1	
2	编程软件	STEP7 Micro/WIN SMART	1	
3	PLC	S7-200 Smart	1	
4	仿真软件	Virtual Universe Pro	1	

四、实训内容及步骤

1. 实训内容

学习液体搅拌模型的工程树结构，学习 VUP 虚拟 PLC 的基本编程指令，完成液体搅拌模型的控制，实现以下功能。

(1)仿真运行，单击人机交互界面的"启动"按钮，搅拌模型开始工作，出水口打开(出水口电磁阀绿灯亮)，入水口关闭(入水口电磁阀红灯亮，绿灯灭)，液体流出容器，当液位高度下降至 0 时，出水口关闭(出水口电磁阀绿灯灭)。注意：模型中液位高度变化范围为 0~1.0。

(2)液体全部放出后，入水口打开(入水口电磁阀绿灯亮，红灯灭)，液体流入容器，当液位高度上升至 0.6 时，入水口关闭，搅拌器启动。

(3)搅拌器工作 6s 后，停止搅拌，放出搅拌均匀的液体，出水口打开，液面逐渐降低，当液位高度下降至 0 时，出水口关闭，延时 2s 开始下一个循环(步骤(2)、(3)循环)。

(4)运行过程中，单击人机交互界面的"停止"按钮，则入水口关闭，搅拌器停止工作，出水口打开，待液体全部放出后出水口关闭，装置停止工作。若再次按下启动按钮，装置重新正常运行。

扩展内容：(基本任务完成后再做)

在人机交互界面上设计液罐选择按钮并编写控制程序，实现：当选中相应液罐模型后，单击"启动"按钮，被选中的液罐开始工作，未被选中的液罐不工作；停止按钮对所有液罐有效。注意：三个液罐共用一个控制器。

2. 实验步骤

(1)本次实验所用的模型为液体搅拌模型，该模型为 VUP 自带模型，打开 Virtual Universe Pro 窗口，执行"配置"→"设置窗口"命令，调出"工程设置"窗口。执行

"文件"→"打开"→"打开一个案例"→Batch→New Batch Processing 命令，出现如图 4.1.10 所示的模型。

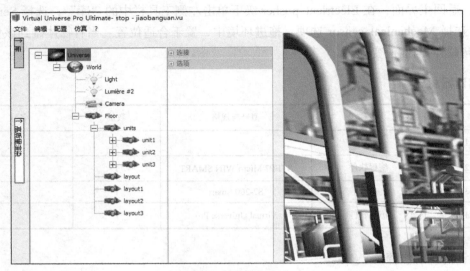

图 4.1.10　液体搅拌模型

（2）展开左侧工程树，认真了解模型的基本结构，重点看 3D 元件 units，该元件下面包括 unit1、unit2、unit3 三部分，分别代表了模型中的三个液罐搅拌模型。每个液罐模型主要由 level、mixer、out、Danfoss 等部件构成，分别代表了液位（传感器）、搅拌器、（液体）出口、（液体）入口等，对应的动作变量分别为 level、on、out、in，如图 4.1.11 所示，其中，level 为浮点数，取值范围为 0～1.0，其他三个为开关量（虚拟 PLC 编程，可通过以上变量实现程序与模型关联）。

（3）右击 World 级，在快捷菜单中选择"添加"→"3D 元件"命令，将新添加的 3D 元件命名为"人机交互接口"并右击，在快捷菜单中选择"人机交互接口"→"添加"→"动作"命令，在"动作类型"对话框中选择"人机交互输入"选项，将新添加的动作命名为"启动"，相同方法再次添加新的"人机交互输入"动作，并命名为"停止"，如图 4.1.12 所示。（后续设计人机交互界面，里面的按钮信号可与"启动""停止"关联。）

（4）在工程树中添加"人机交互界面"。右击 World 级，在快捷菜单中选择"添加"→"人机交互界面"命令，在弹出的"HMI 设置"对话框中设定人机交互界面，在 button 中选择两个按钮，拖入右侧预览网格中，在 layout 选项卡中选择 text 选项，拖入网格中。选择任意一个元件，在左下角的属性框中设定所选择元件的属性，如颜色、文本信息等，修改完成后，单击"确认"按钮，退出编辑，如图 4.1.13 所示。

（5）在人机交互界面中，单击"HMI 设置"对话框的"启动"按钮，在左下角对话框中将其元件属性中的"相关动作"与"人机交互接口"的"启动"动作关联，相同方法将"停止"按钮与"人机交互接口"的"停止"动作关联（仿真运行时，单击按钮，与其关联的动作的数值将改变），修改后单击"确认"按钮，如图 4.1.13 所示。

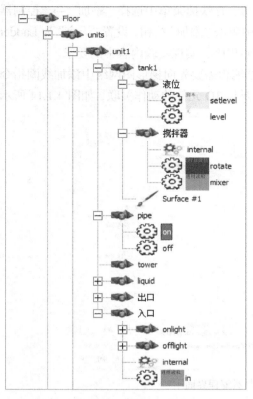

图 4.1.11　仿真模型的关键动作变量

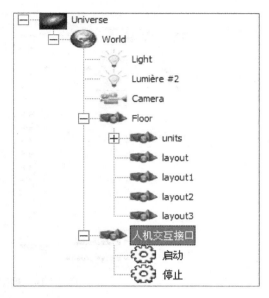

图 4.1.12　添加人机交互接口

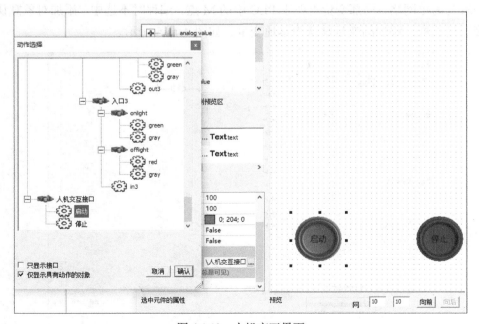

图 4.1.13　人机交互界面

（6）在工程树中添加"控制器"。右击 World 级，在快捷菜单中选择"添加"→"控制器"命令，弹出"控制器编辑"对话框，在程序块列表中单击"添加"按钮，设置"语言"为 Ladder，单击"确认"按钮，在右侧编程区编写梯形图控制程序，实现实验内容中的要求。

注意，与实物 PLC 编程不同，VUP 虚拟 PLC 编程需要先向梯形图网络中添加线圈指令，之后才能添加常开/常闭等指令。添加指令时，需要与 3D 元件的动作关联，如图 4.1.14 所示。

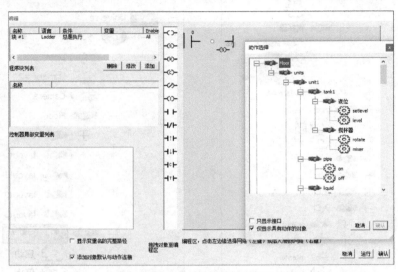

图 4.1.14　虚拟控制器编程界面

此外，虚拟 PLC 编程时只可以创建简单的网络，若需创建复杂网络，须用本地变量将它们分解为简单网络，局部变量类似于 PLC 中的 M 点，编程时不选中"添加对象默认与动作连接"复选框，添加的变量默认为本地变量，如图 4.1.15 所示。

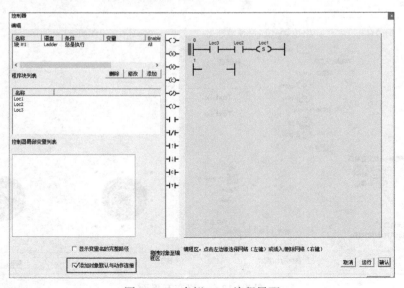

图 4.1.15　虚拟 PLC 编程界面

五、注意事项及规范

(1)实训接线前必须先断开总电源,接线完毕,检查无误后,才可通电,严禁随意通电。

(2)严禁带电插拔。

实训 4.2　工业机器人认识及其虚实联合仿真

一、实训目的

(1)了解工业 4.0 与智能制造,了解虚拟仿真技术。

(2)了解工业机器人结构及其功能。

(3)掌握 VUP 基本使用方法及虚拟仿真建模过程。

(4)掌握 VUP 与实物控制器 PLC 的通信方式。

二、实训原理及装置

1. 工业 4.0 与智能制造

工业 4.0,是基于工业发展的不同阶段作出的划分。按照目前的共识,工业 1.0 是蒸汽机时代,工业 2.0 是电气化时代,工业 3.0 是信息化时代,工业 4.0 则是利用信息化技术促进产业变革的时代,也就是智能化时代。

工业 4.0 项目主要分为三大主题。

(1)智能工厂:重点研究智能化生产系统及过程,以及网络化分布式生产设施的实现。

(2)智能生产:主要涉及整个企业的生产物流管理、人机互动以及 3D 技术在工业生产过程中的应用等。该计划将特别注重吸引中小企业参与,力图使中小企业成为新一代智能化生产技术的使用者和受益者,同时也成为先进工业生产技术的创造者和供应者。

(3)智能物流:主要通过互联网、物联网、物流网整合物流资源,充分发挥现有物流资源供应方的效率,而需求方,则能够快速获得服务匹配,得到物流支持。

智能制造(Intelligent Manufacturing,IM)是一种通过集成知识工程、制造软件系统、机器人视觉和机器人控制来对制造技工的技能与专家知识进行建模,以使智能机器在没有人工干预的情况下进行小批量生产。智能制造是将物联网、大数据、云计算等新一代信息技术与先进自动化、传感技术、控制技术、数字制造技术相结合,实现工厂和企业内部、企业之间和产品全生命周期的实时管理与优化的新型制造系统。

智能制造的特征在于实时感知、优化决策、动态执行。智能制造系统主要包括生产基础自动化系统层、制造执行系统层、产品全生命周期管理系统层、企业管控与支撑系统层、企业计算与数据中心层。其中生产基础自动化系统层主要包括传感器、智能仪表、PLC、机器人、机床、检测设备、物流设备等。

工业机器人是智能制造环节中的重要组成部分。

2. 工业机器人结构及其功能

工业机器人是面向工业领域的多关节机械手或多自由度的机器装置,它能自动执行工作，是靠自身动力和控制能力来实现各种功能的一种机器，常见工业机器人外形如图 4.2.1 所示。它可以接受人类指挥，也可以按照预先编排的程序运行，现代的工业机器人还可以根据人工智能技术制定的原则纲领行动。典型工业机器人结构及其自由度如图 4.2.2 所示。

图 4.2.1　工业机器人

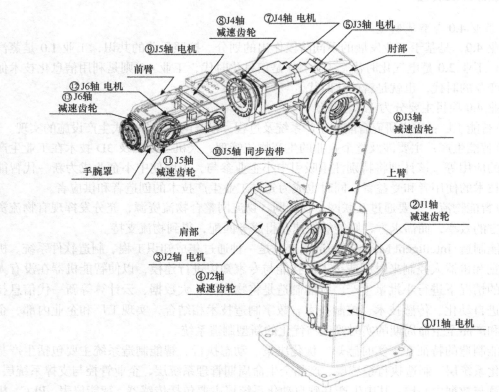

图 4.2.2　某工业机器人结构及其自由度

　　机器人分为三代：第一代机器人是以"示教-再现"方式工作的机器人，这种机器人目前已在生产中得到广泛应用；第二代机器人是具有一定传感装置，能利用所获取的环境与操作对象的简单信息进行反馈控制的机器人，这种机器人目前已有少量应用；第三代机器人是具有多种感知功能，可进行推理判断，能在未知工作环境中独立工作的机器人。工业机器人是应用于工业自动化领域的机器人，大多数按照"示教-再现"方式进行重复作业。

3. 工业机器人与 VUP 虚实联合仿真

VUP 支持与实际 PLC、单片机、运动控制器等硬件及其他仿真软件的通信，支持虚实结合的仿真调试。工业设备和自动化系统的设计师可以将他们的产品在一个真实的、交互性的虚拟 3D 环境中进行实验，对设备实时仿真。通过连接三维仿真器与外部控制器，如 PLC(可编程逻辑控制器)或嵌入式虚拟控制器，VUP 在一个完全虚拟的环境下重塑一个产品或机器在真实世界的工作条件。

本实验中，将在 VUP 中搭建工业机器人的简单工作场景，构建三维仿真器，实现工业机器人 3D 仿真控制。一般的，使用 VUP 构建三维仿真器时主要通过以下几个步骤。

(1)创建三维模型：通过 CAD 软件将 3D 模型导入 VUP 中，以创建 3D 资源(由称为"元件"的 3D 对象组成)和用来构成 3D 虚拟机器元件的 3D 资源组件。

注：所有在 VUP 中创建的资源(智能 3D 资源或者无 3D 效果的简易行为)都能够存储在 VUP 内部的资源库中，并且在将来快速搭建 3D 仿真工程时可以再次使用。

(2)为三维模型添加"动作"：为"元件"添加"动作"，使 3D 资源具备真正的智能性，能够模拟实际资源的行为，例如，虚拟系统下的执行机构和传感器。这些行为，要么是在 VUP 中已经预定义好的，要么是在脚本编辑器中创建的定制化行为(脚本)，然后集成到 VUP 中。

(3)添加控制器，编写程序，设计人机交互界面：在 3D 仿真器内部构建一个或多个虚拟控制器(运动控制器、顺序控制器)，并定义一个二维的控制面板，作为人机交互界面来使用。

注：VUP 内的虚拟系统能够连接外部控制器(如实物 PLC)，并进行联合仿真。

三、实训器材

序号	名称	型号与规格	数量	备注
1	计算机		1	
2	编程软件	STEP7 Micro/WIN SMART	1	
3	PLC	S7-200 SMART	1	
4	仿真软件	Virtual Universe Pro	1	

四、实训内容及步骤

1. 实验内容

在 VUP 中搭建模型，模拟工业机器人的工作场景，如图 4.2.6 所示。

搭建传送带模型(可多节)运送货物(长方体)，当货物到终点后被传感器检测到，位于传送带末端的机械手(自主设计)下降，将货物抓取(吸附)后上升。(传送带模型在"库"→Conveyors→Belt conveyors/Roller conveyors 中选择。)

扩展内容：（基本任务完成后再做）

机械臂抓取货物上升后，将货物转移至货仓处放下，之后回到初始位置等待下一次抓取，循环运行。（自主搭建模型、添加控制器、设计控制程序。）

2. 实验步骤

（1）设计传送带模型：新建一个空工程，右击 World 级，在快捷菜单中选择"库"→Conveyors → Belt conveyors 命令；展开工程树，选择"元件 I"，在属性中将隐藏同级对象改为 False；展开工程树，选择 conveyor motor 下的动作 linear belt conveyor start（传送带启停控制信号），在属性中将初始值设为 0。传送带模型如图 4.2.3 所示。

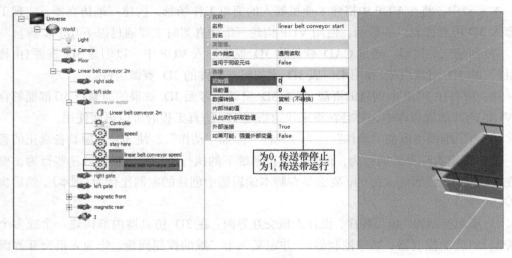

图 4.2.3　传送带模型

（2）设计货物模型：右击 World 级，在快捷菜单中选择"库"→Primitive→cube 命令；按住 Ctrl 键单击坐标箭头后，移动鼠标调整物块至合适大小；在工程树中选择 cube，将其属性"名称"改为"box"，将"使用物理属性"改为"True"，将"使用重力"改为"Ture"，在"材质"中可修改颜色，将物块置于传送带上，如图 4.2.4 所示。

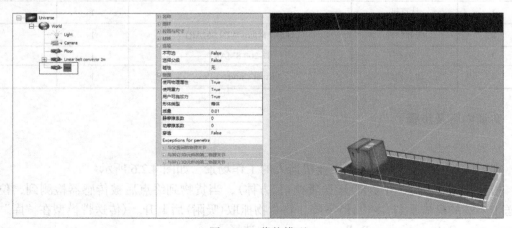

图 4.2.4　货物模型

(3)搭建机械手模型：右击 World 级，在快捷菜单中选择"添加"→"3D 元件"命令；在工程树中选择"3D 元件"选项，将其属性"名称"改为"jixieshou"；在工程树中选择 jixieshou→"库"→Primitive→cube 命令，调整至合适形状，命名为"ligan"。用同样方法将机械手搭建横杆、执行器模型命名为"henggan""zhixingqi"；在工程树中选择 zhixingqi→"库"→Primitive→cube 命令，调整至合适形状，命名为"shouzhua"；在工程树中选择 shouzhua→"库"→Primitive→cube 命令，调整至合适形状，命名为"xipan"，如图 4.2.5 所示。

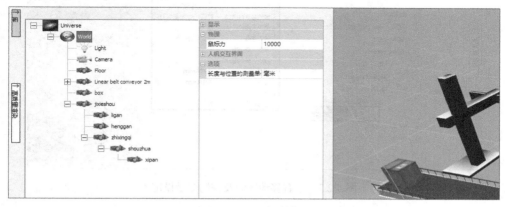

图 4.2.5 机械手模型

(4)搭建货仓、传送带模型：在工程树中选择 World→"库"→Primitive→cube 命令，调整至合适形状，命名为"huocang"；工程树中选择 World→"库"→Sensors→Detecion sensor 命令，调整至合适形状、位置，如图 4.2.6 所示。

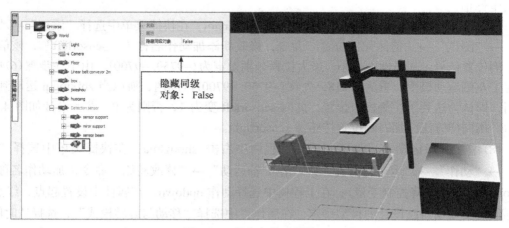

图 4.2.6 货仓与传送带模型

(5)为模型添加动作，使其智能化：在工程树右击 zhixingqi，在快捷菜单中选择"添加"→"动作"→"运动与位置"→"沿 Z 轴移动"命令，修改新添加动作名称为"leftright"；在工程树选择 zhixingqi，可在属性栏查看该模型的位置与尺寸信息，记录坐标 Z 的值。

(6)添加左右移动动作及运动区间：在工程树中选择 leftright，在其属性中将起点、终点的坐标值设置为 (−9718, 9718)（注意此坐标值为第 (5) 步中记录的 Z 值，需要根据自己设计的模型确定）；在属性栏中选择"移动与旋转模式"，选择"时间"选项，将出发时间、返回时间设为 1。动作 leftright 是左右移动的控制变量。参考设置如图 4.2.7 所示。

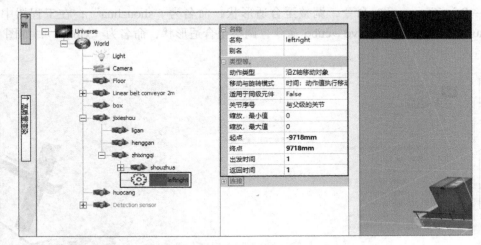

图 4.2.7　左右移动区间及控制变量设定

注意：VUP 软件坐标系较多，读取坐标值容易出错，同学们在设定 leftright 运动起点、终点坐标时，若相对坐标值不易获取或不准确，可先自行设定一个区间，如 (−2000, 2000)，设定后，单击"运行"按钮，进入仿真状态，双击 leftright 动作变量，其值将会被修改为 1，此时手爪模型将会产生左右运动，可根据模型的实际运动效果来调整起点、终点坐标值。

(7) 设置左右限位信号：在工程树中右击 zhixingqi，在快捷菜单中选择"添加"→"动作"→"测试"→"检测元件位置"命令，修改新添加动作名称为"sensorleft"，该信号为左侧位置信号，其属性中最小、最大位置分别设定为 (−9750, −9700)。由于在步骤 (6) 中，设定了左侧运动极限位置为 −9718，处在 (−9750, −9700) 区间内，所以当 zhixingqi 运动到该区间，即认为达到了左侧极限位置，此时 sensorleft 变为 1，否则为 0。参考设计如图 4.2.8 所示。用同样方法添加右侧位置传感器 sensorright。

(8) 添加升降运动及运动区间：在工程树中右击 shouzhua，在快捷菜单中选择"添加"→"动作"→"运动与位置"→"沿 Y 轴运动"→"修改新添"命令，加动作名称为 updown（机械爪升降控制变量）；在工程树中选择动作 updown，在属性中设置起点、终点，坐标值需要根据自己设计的模型确定。在属性栏中选择"移动与旋转模式"，选择"时间"选项，出发时间、返回时间设为 1。参考设置如图 4.2.9 所示。

(9) 添加上下限位信号：在工程树中右击 shouzhua，在快捷菜单中选择"添加"→"动作"→"测试"→"检测元件位置"命令，修改新添加动作名称为"sensorup"，该信号为上升位置信号，属性中最小位置、最大位置分别设定为 (1970, 2030)（注意次坐标值需要根据模型实际的上升极限位置确定）；当 shouzhua 运动到该区间，sensorup 为 1，否则为 0，如图 4.2.10 所示。用同样方法添加下侧位置传感器 sensordown。

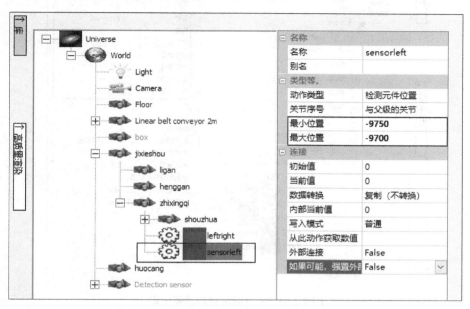

图 4.2.8　左右侧位置传感器设定

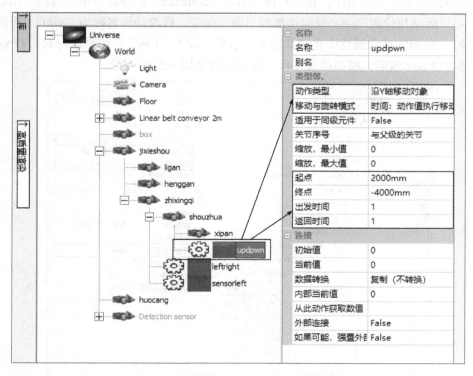

图 4.2.9　升降运动区间及控制变量设定

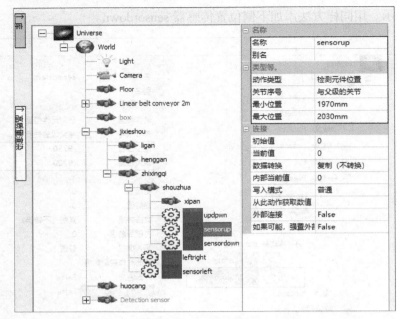

图 4.2.10　上下侧位置传感器设定

(10)为模型添加吸附动作：在工程树中右击 shouzhua，在快捷菜单中选择"添加"→"动作"→"运动与位置"→"吸附接触的对象"命令，修改动作名称为"xifu"（吸附动作控制变量）；在 xifu 动作属性中将"其它元件名称"设为"box"，仿真运行时，若 xifu=1，则吸盘将货物 box 吸附，模拟抓取动作。参考设置如图 4.2.11 所示。

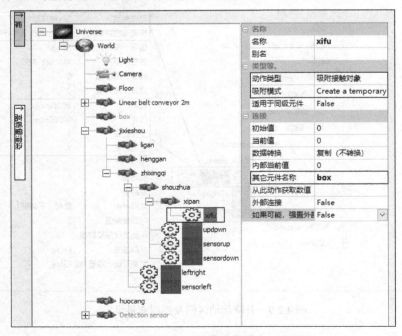

图 4.2.11　吸附动作设定

（11）末端传感器信号设置：在工程树中选择 Detection Sensor→test collision 命令，将属性中的"其它元件名称"设为"box"，数据转换设为布尔值；变量 detection sensor 为传感器信号，若货物 box 到达，则 detection sensor=1，否则为 0。参考设置如图 4.2.12 所示。

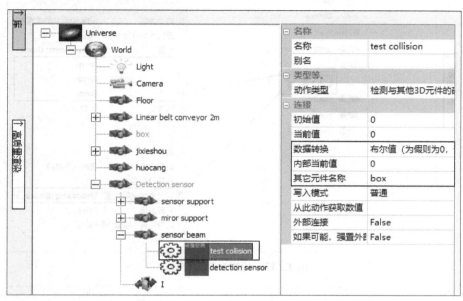

图 4.2.12　末端传感器信号设置

（12）货物自动复位设计：在工程树中右击 huocang，在快捷菜单中选择"添加"→"动作"→"测试"命令，检测与其他对象的碰撞，修改新添加动作名称为"boxcollison"；在 boxcollison 属性连接中将"其它元件名称"设为 box，当货物 box 达到货舱后，boxcollison=1，否则为 0。在工程树中右击 box，在快捷菜单中选择"添加"→"动作"→"运动与位置"→"定义位置与旋转角度"命令，修改新添加动作名称为 fuwei；在 fuwei 属性中将位置 X、Y、Z 设定为 box 的当前坐标值，属性连接中将"从此动作获取数值"与全局路径中的 huocang 的 boxcollison 关联，当 boxcollison=1 时，fuwei=1，之后货物将重新出现在初始位置上，实现复位，如图 4.2.13 所示。（注：此设计能保证货物被抓取至货仓后，自动回到初始位置，便于下一次抓取，达到视觉上反复循环的目的。）

（13）VUP 与实物 PLC 通信配置：在工程树中选择 Universe，在其属性设置栏中选择"西门子 S7 PLC"选项，S7 的 IP 地址设定为自己实验台上 PLC 的实际 IP 地址，CPU 位置设为 1。参考设置如图 4.2.14 所示。

通过 PLC 编程软件，在通信窗口可以查看实验台 PLC 的实际 IP 地址。当实验室中所有 PLC 共处同一局域网时，打开 PLC 编程软件，在通信窗口中查找 PLC，将会发现所有联网的 PLC 都会被找到，有些 IP 地址甚至相同，如何确定哪一台 PLC 是自己实验台上的设备？方法是：依次选择列表中的 PLC，单击"闪烁指示灯"按钮，查看实验台上的 PLC 指示灯变化情况，若 PLC 上的三色灯循环点亮，则说明所选择的 PLC 为自己实验台上的设备，如图 4.2.15 所示。

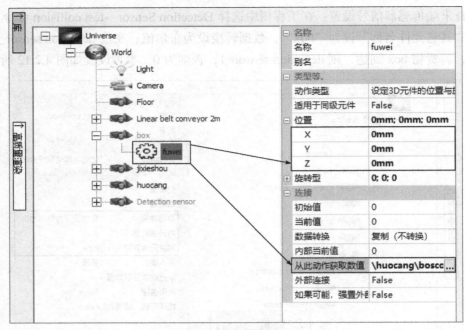

图 4.2.13　货物自动复位设计

图 4.2.14　VUP 与实物 PLC 通信配置

通过 PLC 编程软件查找到自己的 PLC 后，按如下规则编辑自己 PLC 的 IP 地址：若实验台编号为 15，单击通信窗口中的"编辑"按钮，将 PLC 的 IP 地址设定为 192.168.1.215，单击"确定"按钮；以此类推，实验台编号为 n，则 PLC 的 IP 地址设定为 192.168.1.2n。编辑完成后，VUP 中 S7 的 IP 地址设置成编辑后的 PLC 的 IP 地址。

(14) VUP 三维模型与 PLC 控制变量关联：展开工程树，在模型中选择有关动作控制变量，在连接属性中将"S7 变量"与 PLC 的逻辑位关联。例如，将传送带启停控制变量 linear

belt conveyor start 与 PLC 的逻辑位 Q1.0 关联（格式为%Q1.0），当 PLC 程序运行时，若 Q1.0 的值发生变化，则 linear belt conveyor start 的值也随之改变，传送带模型将随之产生相应动作，如图 4.2.16 所示。

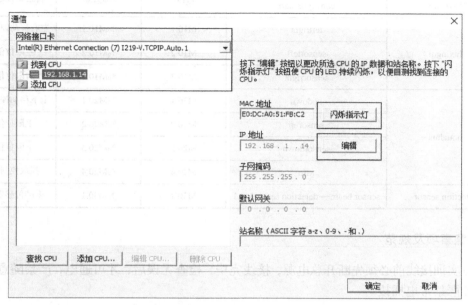

图 4.2.15　PLC 编程软件通信窗口

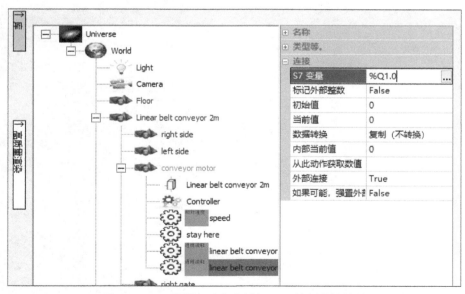

图 4.2.16　三维模型动作变量与 PLC 控制变量关联

　　按照上述方法，将三维模型中所有动作变量与实物 PLC 控制变量进行关联，编写 PLC 控制程序，进行虚实联合仿真。需要关联的动作变量如表 4.2.1 所示。

表 4.2.1　三维模型与 PLC 控制变量关联

3D 元件名称	3D 元件下的动作变量	PLC 变量	关联格式	备注
Linear belt conveyor 2m (传送带)	Conveyor motor→ linear belt conveyor start	Q1.0	%Q1.0	传送带控制信号
zhixingqi	leftright	M10.1	%M10.1	左右移动控制信号
	sensorleft	M10.2	%M10.2	左限位信号
	sensorright	M10.3	%M10.3	右限位信号
shouzhua	updown	M20.1	%M20.1	上下移动控制信号
	sensorup	M20.2	%M20.2	上限位信号
	sensordown	M20.3	%M20.3	下限位信号
	xifu	M20.4	%M20.4	抓取控制信号
Detection sensor	sensor beam→ detection sensorM0.1	M30.1	%M30.1	末端传感器信号

五、注意事项及规范

(1)实训接线前必须先断开总电源,接线完毕,检查无误后,才可通电,严禁随意通电。

(2)严禁带电插拔。

参 考 文 献

邓朝晖, 万林林, 邓辉, 等, 2017. 智能制造技术基础. 武汉: 华中科技大学出版社.

丁学文, 2008. 电气控制与工程实习指南. 北京: 机械工业出版社.

劳动和社会保障部教材办公室, 2007. 维修电工(中级). 北京: 中国劳动社会保障出版社.

李凤林, 2006. 电工基础知识. 北京: 中国劳动社会保障出版社.

李晓宁, 2018. 电工电气技术实训指导书. 北京: 北京航空航天大学出版社.

西门子工业软件公司, 2016. 工业 4.0 实战: 装备制造业数字化之道. 北京: 机械工业出版社.

熊幸明, 2017. 电气控制与 PLC. 2 版. 北京: 机械工业出版社.

张勇, 陈梅, 2016. 电机拖动与控制. 2 版. 北京: 机械工业出版社.